你不可不知的
职场常识

霍翔◎编著

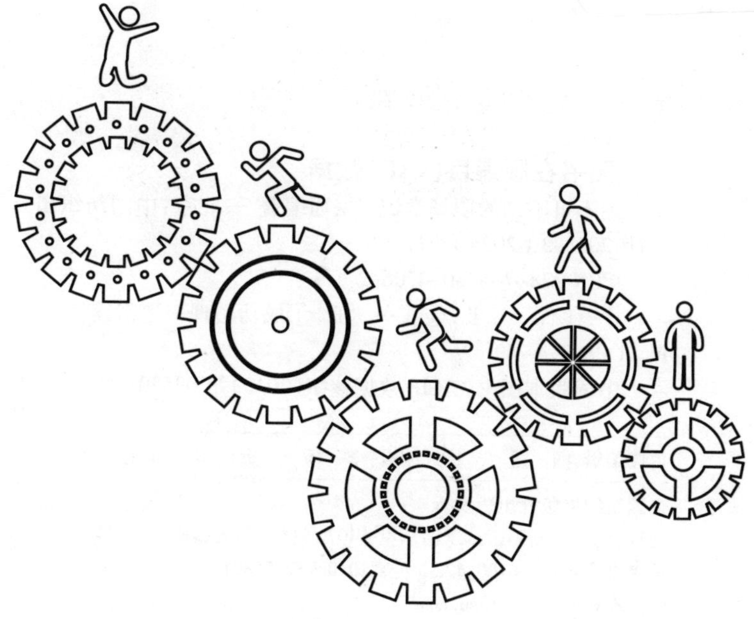

中国纺织出版社

内 容 提 要

二十几岁的你想要在职场中获得更大的职务和选择余地,就必须时刻注意保持和提升自己的职场竞争力,打造核心竞争力,从而最大限度地降低竞争恐惧和失业恐惧以及相应的风险。

本书详细地阐述了二十几岁的年轻人初涉职场所遇到的诸多问题,通过深刻的剖析,教会你如何拥有强大的竞争力,让你在驰骋职场中无往不利!

图书在版编目(CIP)数据

你不可不知的职场常识 /霍翔编著. —北京:中国纺织出版社,2018.3(2024.1重印)

ISBN 978-7-5180-4706-2

Ⅰ.①你… Ⅱ.①霍… Ⅲ.①成功心理—通俗读物 Ⅳ.①B848.4-49

中国版本图书馆 CIP 数据核字(2018)第 025501 号

责任编辑:闫 星 特约编辑:李 杨 责任印制:储志伟

中国纺织出版社出版发行

地址:北京市朝阳区百子湾东里 A407 号楼 邮政编码:100124

销售电话:010—67004422 传真:010—87155801

http://www.c-textilep.com

E-mail:faxing@c-textilep.com

中国纺织出版社天猫旗舰店

官方微博 http://weibo.com/2119887771

永清县晔盛亚胶印有限公司印刷 各地新华书店经销

2018年3月第1版 2024年1月第3次印刷

开本:710×1000 1/16 印张:15

字数:200千字 定价:45.00元

前言

对于刚走出校园的年轻人来说，当代职场可以说是变幻莫测。诚然，年轻人刚踏入社会、涉足职场，都会经历种种苦闷、烦恼、困惑，但仔细思考，你就会发现，让你痛苦不堪、左右为难的问题，不过是当代职场上的一些常识性问题，只要稍加指点和启发，你便能茅塞顿开，寻求到解决问题的途径，让自己轻松开启职场成功大门。

我们出版这本《二十几岁，提升职场竞争力》，就是为了便于年轻人了解、储备一些职场常识，如应聘准备、面试注意事项、职场礼仪、职场沟通技巧、职场人际关系处理、职场心态修炼、职业规划设计、职场逆商、如何提升自己、职业保障、如何让自己更受欢迎、离职和跳槽的注意事项、职场健康等，以让你掌握更丰富的知识、修炼出更优秀的技能、积累出更能为己所用的经验和人格魅力，能游刃有余地处理个人工作、突破现有思维模式和体制、勇于创新。

职场新人进入企业，过渡过程越短，与企业融合得越快，发展得就越快。这个过渡过程的缩短，要靠新人们自己的努力，别人只能帮你，而不能替代你。初出校门的年轻人不能适应新环境，大多与其事先对职场估计不足、不切实际有关。如果你懂得一些职场常识，能根据现实的环境调整自己的期望值和目标、提高承受挫折的能力，就能很快融入社会了。要知道，“金无足赤，人无完人”，再好的公司、环境也不可能有你想象得那么完美。但是，一个公司、个人能生存、能发展，自然有其道理存在，你一定要盯着其合理的一面思考，踏踏实实走好初入职场的第一步。

虽说失败是成功之母，但是在职场上，你的挫折和失败都是有成本的，如果你在涉世之初就遭受太多的挫折和失败，难免滋生不良心态，如不能及时调整，则有可能让你的职业生涯在碌碌无为中度过。如果是因为缺乏职场常识而让你在职场成长的道路上付出额外的代价，那就必然会影响你成功的概率，而且是非常不值得的，是对你个人能力的一种浪费。所以，在踏入职场之前，不妨读一读《二十岁，提升职场竞争力》，尽量让自己对职场状况有个全方位了解，知道自己会面临哪些问题，该如何处理，保持何种心态。

为什么我们所处的这个世界能进步？因为后人站在前人的肩膀上前行，所以大家能看得更高、跳得更远，整体更上一个层次。而我们出版这本《二十岁，提升职场竞争力》的宗旨就是希望提供一个肩膀给所有的年轻人，希望你们能在有限的职业生涯内，充分利用好身边的资源，通过正确的方式、手段、方法，运用正确的规则去执行，以增加自己的技能，少走弯路，让自己走得更远，成为职场中的精英、中流砥柱！

编著者

2017 年 11 月

目　录

第2章※
职场保障:这些问题不可以糊里糊涂 / 21

第3章※
职场面试:1分钟推开好职位之门 / 31

第 9 章※
职业规划：走好每一步，迈好关键几步 / 165

第 10 章※

职场晋升:这样做容易让领导提拔 / 189

第 11 章※

职场逆商:遇到难题这样灵活应对 / 205

第❶章

初入职场：这些准备不可不做

离开校园，意味着年轻的你马上要正式开始社会生活、职场生涯，你将要面对的现实不再是教科书上所能描绘的场景，因此你在找工作之前要作好充分的准备，尽快让自己成长、成熟起来，以能应付社会中的风云变幻。

当你准备投出第一份简历时，你应该知道自己要准备哪些内容，自身要作好哪些准备，要如何调整好自己的心态，要了解应聘公司的哪些方面等。作好充分的准备，才能向求职单位展示你的存在和你的信念，并用行动告诉他们——我就是你们要找的最合适的人选，我能尽快适应工作，为你们创造价值！

尽快适应社会

从走出象牙塔的那刻起,我们就开始了在社会上为自己打拼的生活,然而现实中的种种与书本中的知识是有相当大差距的,这就需要我们尽快认识环境,适应社会的步伐,实现由学生向社会人的转变。所谓"适者生存",它绝不仅仅是自然界的生存法则,对年轻人求职同样适用。能尽快适应社会的年轻人可以更好地生存,否则,将惨遭淘汰、寸步难行。

有的大学生找工作时过分强调专业对口,这多多少少会减少应聘的机会。其实,就算我们应聘到了专业对口或能够发挥特长的工作,也会有人抱怨自己与周围人不和,因为,除了适应工作,我们还要适应社会环境和人际关系等的各种变化。想必每个刚进入社会的学生都会感叹:第一份工作,完全不是自己所设想的那样。的确如此,现实生活本来就和书本上的不同,对于此,李婉的做法就值得我们借鉴学习。

李婉从刚上大学开始就经常做一些家教之类的兼职,暑假的时候也积极参加各类实践活动。这使得她的综合能力得到了相当大的提高,更重要的是,她在这个过程中认识到了社会和学校是完全不同的概念,所以,她一毕业就能融入社会,跟上社会发展的步伐。李婉非常赞同年轻人要多到社会中锻炼自己,正确认识书本和实践的不同,潜心思考自己的长处和短处,不断完善自己,以尽快适应社会。

想要尽快适应社会,我们首先要有"三心",即专心、耐心、苦心。

求职路上,事无巨细,特别讲究细节的重要性,所以,我们对任何有关求职的事情都不能掉以轻心。要知道,即使是非常细小的错误,也有可能让我们失去千载难逢的机会;而哪怕你仅仅有一点深得招聘人士的赏识,也会赢得梦寐以求的工作,尽快完成自身角色的转变,跟上社会发展的步伐。

刚入职场,难免会因为周围环境的复杂多变、上司的朝令夕改、工作的横生枝节而发生情绪的波动或工作的调动,这时候,不要抱怨其中的种种变化,一定要和颜悦色地接受,做个深呼吸让自己静下心来,不要害怕麻烦和重复,将每次的变化都看成一次学习成长的机会。

对于涉世之初的年轻人来说,耐心可以造就我们扎实超群的工作能力,让我们领悟到上司不同的考虑角度和同事们多维的思维方式，令我们能更迅速地适应社会。

身处职场和在学校最大的区别就是，职场没有标准答案，没有 A、B、C、D 供你选择，所以不要将事情考虑得太简单，也别奢望能在其中寻找到完美的平衡点。

面对工作中的一切，都要作好吃苦的准备，不要因为经常被泼冷水而让自己热情消退，也别因为经常挨批评而让自己胆战心惊。只要我们作好吃苦的准备，永远保持住自己的信心和勇气，一往无前，与人为善，认真刻苦地对待自己的工作，相信最终的结果总不会令自己失望的。

年轻人刚进入社会，要客观认识自己，作好吃苦的准备，别指望一步登天，而是要尽快适应社会。要知道，谁先适应社会，谁就赢得了进一步发展的先机！

好心态迎来好工作

当你准备投出第一份简历，开始求职时，知道这其中最重要的是什么吗？是你的心态，好的心态才能找到好的工作。

露露从上大学开始，上学一定要父母送，出门逛街一定要同学陪伴，临到毕业找工作了，也是希望和同学们在一起，以后有个照应，或者是父母帮忙找一个，不用自己操心。结果每次找到的工作都做不长，到现在毕业快两年了，她还是没有任何成长。

究其根源，就是因为露露没有一个好的心态，不独立，总是希望依靠别人，这也是在社会上最不可取的心态之一。那么，年轻人在求职前应该具备的好心态有哪些呢？

凡事积极一些、乐观一些，尤其是面对困难的时候。困难的后面就是一片艳阳天，只要你乐观主动地克服了，你就会获得继续前进的勇气和信念。

拥有乐观主动心态的人，就像团队中的小太阳，能给予人希望和力量，激励大家共同成长。

所谓“金无足赤，人无完人”。我们每个人都有自己的长处和短处，所以即使你在大学里面非常优秀，也要相信山外有山、人外有人，社会上比自己

优秀的人比比皆是。

只有保持谨慎谦虚的心态，才能真正认识自己、取长补短，让自己成为职场上满腹经纶的强者，让自己一直前进，让自己无法超越。

刚踏入社会，切不可有嫉妒心理，面对职场上种种复杂的关系，切不可只考虑自身的利益，要明白“你赢我赢大家赢”的道理，试想，如果企业不能得到利益，如果同事们不能得到利益，你如何能得到利益，实现升职加薪呢？

当然我们也不能牺牲合作伙伴的利益，合作伙伴也是企业发展中的一环，任何一方丧失了利益，都将是我们自己的损失。

相信自己，相信自己的能力，是工作中一切行动的源泉，能让你超越自己。身为刚入社会的年轻人，要相信自己所投身的行业、所服务的企业、所具备的能力、所相处的同事、所期望的未来……

相信自己、相信一切，我们才能充满干劲地做好每一件事情，甚至完成原以为不能完成的工作，描绘出梦想中幸福的天堂！

人要“活到老，学到老”，尤其是身处当代社会的年轻人。如今的社会发展已超越了前人的想象，竞争更是时时刻刻存在着，稍有不慎，就可能被淘汰，所以要让自己时刻保持学习的心态，不断超越自我，如此才能长久地在社会上立足。

如今，不断学习已不仅仅是一种心态了，更是年轻人应该保持的生活状态，学习才是自己保持核心竞争力的关键。

事实胜于雄辩，行动才是证明自己的最好方法。所有美丽的言辞和话语都赶不上你最直接的行动。

行动起来吧，让行动体现自己积极的心态，让行动带领我们成长，让行动完成我们的工作计划，让行动证明我们存在的价值，让行动见证我们的成功！

《《 完美简历打动人 》》

简历是求职中的必备武器，而每一份简历都是你自己的宣传稿，是展示你自己的活广告。一份完美的简历就是向求职单位展示你的存在，并言简意赅地告诉他们——我就是你们要找的最合适的人选！

那年轻人如何才能制作出一份独一无二的完美简历呢？看一下这些经典秘籍吧。

过长的简历在求职中毫无作用，而且不容易突出个人重点。简历首先就是要尽可能真实、完整、有层次地呈现我们个人信息；其次，要强调个人的亮点，着重突出自己的核心竞争力和胜任力；再次，要根据应聘的行业、职位，有针对性地调整简历上的个人信息；最后，适当自我评价非常重要，以言简意赅、朗朗上口为佳。

在表达自己的工作目标时，要写明原因和自己能胜任的理由。此外，在简历中要多使用些动词短语及表示既得成果的词语，如"曾""改进了""取得了""销售了""贡献了""设计过"等，必要时，还可以多使用一些行业用语。

在简历的制作风格上，要尽量突出自己的特色。虽然大部分招聘人员喜欢简单直观的简历，但这绝不代表你只要简单罗列信息即可。尽管网络上下载的简历模板方便快捷，但大多风格一样，无法突出你自己的特色，不能成为你独一无二的标志，所以，我们应该在传统的模板上根据自己的需要作些修改，以展示自己的特色。

自我创新简历的模式，但是要符合你所投递的职位。比如，应聘公司的营销员，不妨将简历设计成一份计划书。创意只要适宜所投资的职位，都是非常能展示你的才华并吸引招聘人员视线的。当然，创意的海洋是无穷无尽的，但切不可本末倒置，一定要根据实际情况适当地创新，哗众取宠的创意要不得。

此外，要根据自身情况量身打造自己的简历，拒绝平凡的套路，做到这一点能增加你获得面试的机会，并能第一时间向招聘人员传达你十足的专业素质和饱满的工作干劲。

简历中用语的语气非常重要，一定要用热切而自信的语气描述自己，让招聘人员感受到你年轻的活力和信心，但也不可过于夸夸其谈，要注重以事实为导向，不妨采用一些华丽而切合实际的词汇来描述你的个性，如聪明的、有决断力的、品德良好的、心态健康的等，以免在面试时表现得与简历中的陈述不符。

记住，写完简历要认真检查，不要因为某个语法错误或错别字而让招聘人员对你的印象大打折扣哦！

该做的——正式的照片一张、尽量写完整你的所有工作经验、多用动词和“曾经”、留下准确的联系方式、根据不同职位展示自己的特长、保持简历的整洁明了。

不该做的——同一个岗位不要重复投递简历、使用的纸张不要大红大绿或花里胡哨、不要贴大头照或以复印件为照片、不要用涂改液修改简历、不要让简历过长（两页为佳）、除非邮寄否则不要折叠你的简历。

我们的简历就是我们的标签和广告，拥有一份完美的简历，相信你便会如愿以偿地找到心仪的工作，完成由学生向职业人士的华丽转身！

利用网络把握机会

网络如同一个神奇万变的魔法世界，当我们走出象牙塔开始找工作时，它便蜕变成一个有效的求职渠道，能拓宽我们的求职领域，增加我们入职的机会。在网络上找工作时，有什么方法能尽快吸引用人公司的注意，令其吸纳我们成为其中一员呢？

利用网络找工作，一定要多上权威网站寻找相关信息，如教育部的大学生就业网上信息就比较丰富，但缺点是更新频率不高。此外，智联招聘、中华英才网等专业招聘网站也是不错的选择，上这类权威的网站，能帮助我们找到种类繁多的信息，帮助我们找到心仪的工作。

上网找工作首先要填好求职信和中英文简历。在写简历的时候一定要突出自己的特色，让自己从千军万马中脱颖而出，吸引招聘人员的眼光。最好每封求职信或简历都针对所投职位精心设计，表明你的诚意和胜任力。

在发 E－mail 的时候最好不要用附件形式发出自己的简历，以免被病毒所影响；建议大家使用纯文本的形式发送简历，相信会有更加好的效果。一封 E－mail 最好只发给一个收件人，不要让人觉得你“三心二意”哦！

如今年轻人都喜欢用博客、QQ 空间直抒胸臆，其实，这些都是展示你各方面才华的舞台,不妨在发送 E - mail 时,附上你自己主页的链接,让招聘人员直接看到你的兴趣、爱好等。

大多毕业生认为只有刚发布的招聘信息成功机会大,事实上则并非如此,因为招聘人员常会因工作繁忙而无法及时登陆或刷新刊登的职位,而这时,由于大堆简历蜂拥而来,导致竞争激烈。相反,那些刊登了一定时间的职位,反而会因为应聘的人少、招聘人员有充裕的时间看你的简历而增加成功的可能。

要知道,每天招聘人员的求职邮箱都有可能爆满,面对众多的邮件,他们可能只会浏览前几页,所以发邮件给他们时,要永远让你的邮件置于顶端,这样才能增加你被录取的机会。其实这个方法非常简单,只要在发邮件前,把电脑系统的日期改为一个将来的日期,这样以日期排序的邮箱自然会将你的邮件置于顶端!

大学生上网投简历时,一般都会按职位要求把邮件题目写成:应聘某某职位。如此千篇一律的标题,如果你是招聘人员,会记得自己曾看过哪些吗?显然不会。只有那些吸引人的标题才有机会被招聘人员记住。例如,王萍在找工作时候,发了无数的邮件都石沉大海,因为应聘秘书的人实在太多了。后来,她将邮件标题改为“你想在上班时感受前空姐无微不至的服务吗?”结果仅一个星期的时间,她就找到了心仪的工作。看,吸引人的邮件标题多重要,多有效率。

利用网络找工作对刚毕业的大学生来说是个非常不错的选择,尤其是当你掌握这些窍门以后,更是能取得事半功倍的成效,还等什么,赶快上网找找工作吧,总有合适的工作在等着你!

推销自己创造机会

所谓酒香也怕巷子深,尤其是在毕业生求职大军中,要想伯乐在千军万马中发现你,就需要你会推销自己,当然,这种推销也是有技巧可循的。

要战胜千千万万的对手,就必须先真实地介绍自己,包括:正确介绍自己的一般情况——姓名、年龄、民族、政治面目、毕业学校、联系电话、文化程

度及学历、工作简历等；客观评价自我——简单介绍自己的特长、综合能力、知识水平、专业技能、业务能力、语言能力等；向招聘人员恰如其分地展示自己的才能以及工作意向等。

招聘员工和交易本质上是一样的，招聘人员也是本着“只招对的”的观念看待求职者的。如果我们在求职的时候自吹自擂、夸夸其谈，招聘人员会觉得你太过浮躁，进而可能产生不信赖之感，这样，伯乐就更难相中你了。

自信是年轻人打开职业大门的金钥匙，我们要成功地推销自己，就一定要自信，要以自己最佳的状态勇敢地进行角逐和竞争，以寻觅到伯乐的关注，取得良好的效果，找到适合自己的工作。

我们的自我推荐要基于对自身的正确认识，切不可盲目自信或怯场。小萍在面试的时候常喜欢问招聘人员：“这个职位，你们招几个人？”这就是不自信的表现。其实，招多少人对用人单位来说只是个机动的数字，只要你合适，完全是可以录用的。但如果你在面试中问出这样的问题，就暴露了你的不自信，如此一来，招聘人员对你的印象自然大打折扣了。

刚毕业的大学生，往往会因欠缺社会适应性而被招聘人员婉拒，所以我们要努力提高自身的社会适应性及协调人际关系的能力。社会就是由人组成的网络，人际关系好的年轻人常能因卓越的人脉得到伯乐的赏识，进而寻觅到理想的工作。

刚踏入社会的年轻人难免在求职中遭遇失败，但只要我们用百折不挠的意志对待失败，伯乐总有一天会发现我们的。

王波大学刚毕业，在找工作的时候，因为毫无社会经验而屡屡碰壁。一次，招聘人员对他说：“现在我们不招人，过两个月你再来吧！”其实这是用人单位经常用的婉拒的借口，但没想到，王波真的在两个月后又来了。招聘人员又说让王波等两天，过了几天，王波再次找到他，问：“现在招人了吗？”这么一来二往的，招聘人员也服了，就说：“你不懂我们这个职位的知识啊，我们不能招没经验的。”没想到王波说：“在之前的两个月中，我已经学习了这方面的知识，我是真的很想在这个岗位上工作，您看，我还缺什么知识，我再去认真学习。”看着如此百折不挠的王波，招聘人员佩服地说：“真没见过像你这样有韧劲的年轻人，好吧，让我在工作中看看你的表现吧。”终于，王波得到了理想的工作。

李佳雨刚大学毕业，因成绩优秀，她一心想进大公司。一次，她来到一家服装公司，应聘设计助理。当她不停地向招聘人士谈论她所熟悉的品牌及设计理念时，招聘人员微笑地说：“李小姐，据我所知，服装的代言人一般都是美女，对此，你怎么看？”李佳雨稍微思考后说：“美女代言当然好，但当市面上都是美女的时候，您是否也会审美疲劳呢？我希望能为贵公司设计一套给‘丑女’穿的衣服，也请‘丑女’来代言，让她们用事实说话——穿着我们设计的衣服，丑女也能变成白天鹅。”招聘人员非常欣赏李佳雨的回答，当即便录取了她。随后，在工作中，李佳雨也不负众望，屡获佳绩。

在如今瞬息万变的时代里面，年轻人学会推销自己尤为重要。试想，如果你连推销自己都不会，如何能吸引别人的注意，找到心仪的工作呢！

适合你的就是好工作

合适的职业对刚毕业的年轻人而言如同助你腾飞的翅膀、令你畅游的海洋，其重要性不言而喻。所以我们在找工作的时候一定要找到适合自己的工作，充分展示出自身的才华和能力，证明自己存在的价值。那么，如何找到适合自己的工作呢？

对自己有充分的了解和清楚的认识，包括认识自己的知识结构、综合能力、性格特点、长处短处。开始求职之前，一定要对自己有全方位、多角度的认识，知道自己能胜任哪些工作、兴趣点在哪里。

性格决定命运这话一点不假。性格是我们每个人稳定的态度和习惯的行为方式，是我们的气质和其他心理特征的外在表现形式。

一般来说，性格分为外向和内向两种。内向性格的人，往往有耐心，而且较谨慎，适合做类似研究的工作，如医生、科学家、机械师、编辑、工程师、技术人员、艺术家、会计师、打字员、程序设计员等；而外向性格的人喜欢交际，能活跃团队氛围，适合做与人交往的工作，如人事顾问、管理人员、律师、记者、政治家、警察、售货员、演员、推销员、广告人员等。

值得注意的是，性格具有较大的变性，更容易因经历和遭遇的不同而发生变化，这就是为什么有的人性格内向却成了充满激情的演讲家，而有的人性格外向却成了认真而专注的机械师。

在大学时，我们通常会专攻某一专业，而这也极有可能成为我们未来从事的事业。所以我们要首先透彻认识我们所学的专业及行业，了解其相关的工作内容、性质和对从业者的能力要求。

利用网络了解此行业的最新情况，并向已从事相关行业的前辈咨询他们的工作感受，这类人往往经验丰富、感触深刻，能给我们提供更具有指导性和价值的信息，同时也能让我们对此行业产生更多感性的认识。

从上大学开始，就可以针对自己的情况设计一个初步的职业规划，然后利用所有可能的时间尝试不同形式、不同种类的工作，可以是兼职、临时工、自主创业等各种不同的工作方式。不管是哪种类型的工作，我们都要做一个详细的职业规划和目标，然后从实践中发现适合自己的工作。

制订出适合自己的职业生涯规划后，就要用尽一切努力去实践、落实。只有实际的工作才能实现我们的个人规划。

在制订职业规划的时候，我们要清楚地知道自己到底想要什么、期望获得什么样的提升、现在的自己在什么样的位置、有什么样的价值……如果没有切实可行的职业生涯计划，我们在找工作时就难免处于盲目状态，甚至极有可能走偏了发展道路，浪费掉涉世之初最关键的时间和机会。

当然，职业生涯规划是不可能一步到位的，需要根据现实的变化和自身的转变而酌情调整，分成几步走或是“曲线救国”亦未尝不可。

若是我们能找到合适的工作，实现个人与工作的高度契合、共同发展，那对于我们个人和企业而言，都将实现利益最大化和最优配置。

自信是最好的简历

自信是反映年轻人综合素质的一个重要指标，在求职中发挥着十分重要的作用。纵然求职过程艰辛，我们也要自信地面对。

自信能令我们的内在与外在获益，从而使我们展现出积极的态度和超越自我的能力，释放出一种吸引人的力量，这就大大提高了我们在求职中的个人竞争力，所以说自信是我们最好的简历。那么，有些什么方法能提高我们的自信心呢？

拥有自己的信念，并将其写下随身携带。这些信念能给予你力量，让你相信自己能战胜一切困难，能勇往直前地走下去。

信心的来源绝不是凭空想象。比如，你在大学时参加考试，如果你一点也没有准备，平时上课也不用心，那么就算你再有自信也不敢打包票说自己能考得很好，因为你心里没底，完全不知道考试的时候是个什么状况。

当然，这对平时就准备充分的年轻人来说就另当别论了，所以我们在求职之前要作好充分的准备，为自己提高自信打下基础，为自己求职成功提供可能。即使走入职场亦是如此，准备充分后再开展工作，往往能取得事半功倍的效果，而这每一次的成功就会形成一个良性循环，让我们变得越来越自信，越来越敢于尝试、迎接多种挑战，越来越有成功的经验和信心。

求职失败对刚毕业的年轻人而言无疑是不小的打击，但也没必要因此垂头丧气、对自己丧失信心。遭遇失败时，最重要的是从中找出失败的原因，尽力弥补自己的不足，让自己的能力能更上一层楼。

比方说，当你考试没考好时，灰心丧气、一蹶不振都是无济于事的；相反，冷静地分析自己错在哪里、产生错误的根源是什么才是明智之选。若是因为自己没有复习到，那么查漏补缺就好了；若是自己的能力有限无法解答，也不能随便泄气，一味地懊恼自己先天能力不足，完全可以向其他同学请教，从他们的指点中领悟经验和方法。

总之，从失败中学到经验，令自己有所成长，才是对待失败的最好方法，也是通往成功的航船。

永远相信自己：只要我努力、只要我用心，我就能完成任何事情。这会使我们在求职中更加自信，也能使我们能更勇敢地面对失败。

不妨在求职前仔细想想：什么事情是自信的人能做而不自信的人做不到的，什么困难是自信的人能战胜而不自信的人战胜不了的，什么局面是自信的人能面对而不自信的人面对不了的？想得多了，你就会发现自信的力量是如此之大，而如果你是一个自信的人，你就拥有了处理这一切事情的勇气。

在求职的过程中，不管发生什么事情，都不要看不起自己。请把这句话当成一个坚定不移的信念：永远不要抛弃自己。永远对自己说：我想成为这样的人,我想要一切梦想成真,眼前的阻碍影响不了我!

从此刻开始,对自己有信心吧,请相信前方一定有理想的职业在等着你,因为你有能胜任的实力。

身处求职路上的年轻人,一定不能失去自信和热情。自信就是你推荐自己的最好简历,能让你散发出优良的气质,而这也是能打动招聘人员的秘诀之一。

巧嘴开启职场大门

想要招聘人员在短暂的求职时间内认识和欣赏我们并非易事,但若是我们拥有一张巧嘴,能瞬间吸引他们的注意,则能顺利地过关斩将,获得成功。下面我们就来看看有哪些巧嘴修炼术吧。

求职谈话中,我们说话的目的就是展示自己,让招聘人员了解我们。如果我们说话含含糊糊,招聘人员听不懂你在说什么,那就麻烦了。所以,在说话时,一定要吐字清晰、快慢合适,保证自己的每一个字、每一句话都能让招聘人员完全明白和理解。

所谓一张巧嘴,就是要我们在谈话中能够将我们平时所学和自己的能力用得体的语句、丰富的词汇清晰明了地表达出来。

年轻人千万不要忽视语调在求职谈话中的重要性。同样的句子,用不同的语调处理,就是完全不同的感情和效果。比如,当招聘人员问你是否能完成一件比较困难的工作时,用中等速度提高音量回答"我可以试试"和轻声回答"我大概可以吧",会给人完全不同的感觉。前者让招聘人员觉得你充满自信,从而对你好感倍增,但后者会让人觉得你胆怯没经验,是个十足的青涩学生,从而对你失去兴趣。

一般说来,在求职中使用上扬语调容易增添招聘人员的兴趣,但也不宜长时间持续使用。总之,适宜的语调并不是从头到尾一成不变,而是要根据你所陈述的内容的重要性、对方注意力的侧重点等酌情调节。

如今社会强调个性和创新精神,因此,一个求职者是否具有这两点直接关系到其求职过程顺利与否。在求职面试中,个性鲜明的语言,常常能够给招聘人员留下深刻的印象,获得他们的赏识。

姜民大学时学的广告设计，因此一毕业就想在这个行业大展身手。正好，一家国际知名的广告公司在进行招聘。姜民毫不犹豫地投递了简历。不料，投递简历的人非常多，而他的位置还比较靠后，看着众多的竞争者，姜民苦苦思索着如何能够吸引招聘人员的注意力。终于，他想出了一条对策，只见他走到招聘人员身旁说道："您好，我排在队伍的第58位。在我没有面试之前，请您最好不要作出决定，谢谢！我相信，我能给您带来惊喜。"姜民这一番话，让招聘人员在众多的应聘者中发现了他，也暗暗赞叹他的一张巧嘴和灵活的思路，认为他正是他们广告公司所需要的人才，于是，姜民轻松获得了面试的机会。

在求职谈话时，我们的思维至少要扩散到两个角度：一个角度是属于我们自己的，另一个角度是换位思考，站在招聘人员立场上进行。

找工作的过程中，一方面我们要考虑到个人的发展，当然谈话时也要涉及自己的立场、态度和思维角度；同时，我们也要扩散思维，用同理心考虑到招聘人员的立场、态度和思维角度："如果我是招聘人员，我会需要什么样的人才？想提供怎样的待遇……"考虑的方面多了，我们的谈话自然更为得体和有逻辑性，也自然更能打动招聘人员。

在求职时，不要因急于展示自己就抢着说话，不妨等招聘人员先说话，这样，一方面显示了我们的涵养，让招聘人员感到备受尊重；另一方面我们也可以借此机会了解对方的语气神色以及来势，给自己一个充分思考的机会，让自己说话时能有的放矢，切中主题。

尽力增加工作经验

用人公司都希望自己能招到有工作经验、一入职即能接手各项工作的大学生，可见，工作经验在求职中相当重要，这也要求我们年轻人在学校时就要不失一切时机地增加工作经验。那么，有哪些方法能增加我们的工作经验呢？

上学时，积极参加各种服务社会的活动，培养自己的社会责任感，并从中增加对社会和国情的认识，从而加深对自己及对未来发展趋向的认识。

越是和专业接近的工作越对我们的发展有帮助，虽然无论是哪种工作或社会生活都能锻炼我们的能力，但在求职过程中，招聘人员还是更看重我们的专业表现，而接近专业的社会实践，也能给我们带来更多的求职便利和机会。

刚毕业即如愿找到工作的强威说："我能从众多的应聘者中脱颖而出，不是因为我的成绩比他们优秀，而是因为我的社会实践比较多，尤其是参与了很多与专业相关的实践。上学期间，我就在学校的'计算机发烧友'社团工作了四年，一直负责的是外联工作，因此我既熟悉计算机的相关知识，又和这个圈子里的人联系密切，比如，我曾经和联想的工程师和供货商一起吃过饭。所以，在求职的过程中，我非常清楚公司需要什么样的职员，需要具备什么样的素质。"可以肯定，强威能顺利地找到工作与他丰富而专业的社会经验不无关系。

学校提供的勤工助学岗位一定要珍惜，这是锻炼我们独立能力、积累社会经验的好途径，也能让我们更贴近社会，提高我们适应社会的能力并拓展我们的人际关系。而这些都是我们求职中难能可贵的资本。

当前的大学生因潜在庞大的消费能力，业已成为众多商家争夺的客户，大学校园自然也成了商家觊觎的宝地，因此，不断有商家招聘校内的学生为自己的产品作宣传推广。虽然这个工作工资不高，但日积月累下来，对大学生来说也是不小的收入。

更为重要的是，在校园内做兼职能让我们学到很多经验，逐渐发展出属于自己的社会人际脉络，而这就是求职中的隐形财富，能为我们提供诸多便利和机会。

上学时，利用课余时间到学校附近的饭馆打工或是为附近的居民做家教都是非常不错的校外兼职，虽然这些工作比较累，收入也不高，但是能全方位地锻炼我们的能力，尤其是沟通能力、社交能力、应变能力、实践能力等。长此下去，我们就积累下了丰富的社会经验，在求职过程中也将更加游刃有余。

自主创业这种方式可能对大多数年轻人来说不太现实，尤其是读书时。但若是有自主创业的机会，而且又不影响学习，就一定不要错过，且不说能否为自己带来第一桶金，单说其能给你带来的社会体验就是无价之宝。

读书时，我们可以选择一些投资较小的行业实践自主创业，如在学校附近开一个书店、自己购买一些东西在校园内经营等。这种社会实践方式能让我们彻底认识创业的艰辛过程：统筹一个项目需要多少人力、物力、财力，开展一个项目需要和多少人联络，如何和这些人打交道，如何改善经营方式，如何实现利润最大化，如何改善当前的状况达致良好发展……

这所有的感受和社会经验都能在求职中助我们一臂之力，而且，如果经营成功，我们完全可以挖到第一桶金，成为真正的老板。

了解应聘薪资、福利待遇

有些大学生毕业后找工作时，常常是在网上或人才市场看到感兴趣的专业就投简历，其实这样是不科学的。在我们投递简历之前，一定要对应聘公司有充分的了解才行，如此一来能防止上当受骗，同时也能增加自己成功入职的机会。

求职最直接的目的就是生存需要，所以薪资和福利待遇是我们年轻人需要考虑的问题，应聘公司能否提供给我们理想中的薪资是我们双方能否继续交谈下去的基础。福利待遇也不能忽视，住房公积金、医疗保险等绝不是单纯的金额所能替代的。

小王大学专攻的是法律，毕业后，他想去某知名律师事务所工作，但了解到这家事务所并不提供住房公积金，而另一家名气稍小的律师事务所却提供全额的五险一金。平衡一番后，小王还是选择了后者。小王说，求职一定要对应聘公司综合考虑，一个方面都不能少，这样才能明智地作出决定。

公司背景要清楚

一家公司的历史和背景能或多或少地反映出其实力的强弱、生命力的长短，而这其中，我们最需要关注的是企业的性质。了解企业的历史、性质后，我们才能根据自己的特点作出选择。

李辉刚毕业的时候，进入了一家规模比较小的公司，他以为，公司规模不大，他的表现就能直接被上司看在眼里。谁知道，这是一家家族企业，什么都讲究排资论辈、血缘亲疏，与李辉设想的相去甚远，他干得非常卖力却还是升职无望，不久，他就辞职了。

此外，还要了解应聘公司核心产品是否有市场竞争力，企业是做什么的，核心产品有哪些，这样才能知道这家企业能否在市场上立足，也才能知道自己是否能胜任。

张佳大学学的是金融分析，毕业后，她进了一家会计师事务所，虽然这家事务所规模很大，但如今这个行业的竞争也非常激烈。在工作中，张佳渐渐发现自己所在的事务所提供的核心服务不太能适应未来的趋势，而另一家稍微小一些的事务所却能提供更适应市场发展的服务，仔细衡量后，张佳跳槽了。事实证明，张佳的判断是正确的，后来那家事务所真的发展得越来越好了，而她个人的前景也非常乐观。

了解工作的具体内容

在招聘信息上，当然也会提及工作的职位，不过大多描述是笼统的，还需要我们去了解工作的具体内容和性质。要知道，在不同的公司，同样的职位做的事情也是不一样的，工作方法更是大相径庭。所以，要尽可能详细地了解你所投递的职位的具体工作内容、要求。在了解清楚一切后，才能判断出这个职位是否与你的专业、能力、兴趣等相契合。

周莉说她能一毕业就找到合适的工作完全在于她是有准备地打求职战。她说自己是个凡事都会充分准备的人，在找工作的时候也没有盲目地投简历，而是先通过各种途径了解意向岗位的工作内容，再分析自己的各方面能力是否达到要求，自己是否会有很好的发展前景，只有确定自己非常契合这个岗位时，才会投出简历。这样一来，周莉自然能百发百中，顺利找到工作。

另外，还要看看企业文化是否符合自己的价值观。正如各国的文化不同，各个企业的文化也是不一样的，这各异的文化及思维方式就会导致企业在工作中的要求大不相同。例如，美国企业比较现实，注重商业的价值；欧洲企业则比较关注员工的态度和奉献精神；日韩企业虽然文化上和我国差不多，却十分讲究等级制度。

杨波毕业时，想应聘一家世界五百强企业，于是，杨波走访了曾在这家企业工作的学长，学长苦不堪言地说："从始到终我都无法理解这家企业的文化，他们追求下属的绝对顺从。而且很多单身的外国同事在我国生活无聊，经常要约我们本地人去消遣。本来上班时就非常累，下班了还要陪他们应酬,这样一折腾,好晚才能休息。而且他们一遇到问题就喜欢找我们解决,觉得我们这些下属帮他们是天经地义的,周末都不放过,实在是不堪其扰。像我现在跳槽到国企了,感觉好多了。”听了这番话,杨波马上打消了进这家公司的念头,他觉得自己也无法理解和适应这种文化。

看排名、看企业实力

不仅企业要关注自身在业内的排名,我们在求职中,也要非常关注企业在业内的排名,这是企业实力的最直观体现。尽管稳坐业内第一交椅的企业不见得能提供最好的待遇,但其带给你的荣誉感和安全感是无法取代的,而且,对你未来在这个行业的发展亦至关重要,这绝对会是你简历上精彩的一笔。

钱风在大学毕业求职时,虽然也有高薪的工作向他投来橄榄枝,但他坚持想在自己的本行业内发展,于是拒绝了该公司的邀请,转而进入一个薪资一般,但在业内非常出色的公司。短短一年,猎头公司就看中了钱风,钱风也因此跳槽到另一间发展机会更大的公司,薪水自然是水涨船高,翻了好几倍,而这一切,皆因为他曾在那家在业内享有盛誉的公司工作过。

看重学习和成长的空间

我们在求职之前,想必都会有一个大概的职业规划,所以我们在求职时也要清楚这间企业能提供给我们怎样的培训机会、个人能得到多大成长、升职的空间有多大。否则,盲目地投简历,只是在浪费时间。

成雄大学时学的是会计,应聘时看见一家会计师事务所比较合适,在他准备投简历时,碰见了他的一位学长,寒暄之后,发现学长正好在这家公司就职,就向学长打听起了公司的情况。不料,学长说自己正准备辞职,学长说:“我在这里工作已经两年了,但现在越做越觉得没前途。我进来时是会计助理,现在还是,尽管我已经拿到了会计师执照,但还是不能升职。而且平时给我们安排的培训非常少,工作也是千篇一律,基本上公司管理级的人全是‘空降兵’。你说照这个发展我还有‘奔头’吗?”一番调查后,成雄发现这家公司的提升空间确实很小,不适合他们这种刚毕业想寻求成长的年轻人,也就转投了别家公司。

上级同事好相处吗

俗话说:“人上一百,形形色色。”不同的领导自然有不同的风格,很多时候,我们觉得自己不适合这个岗位,不是我们能力不足,而是和上司的性格合不来。所以,在求职前,尽可能去了解一下你上一级别的同事的工作风格,看自己是否能同他们和谐共处,是否能得到他们的赏识。

还要了解你所处的工作环境。环境对人的影响不可忽视,所以求职前一定要了解清楚这家公司的工作环境如何,包括硬件设备和软件设施。一般说来,明亮舒适、空气清新的办公环境,能让我们工作起来更有激情和创造力,干劲也更加足;而沉闷昏暗、空气混浊的办公室则会让我们觉得胸闷气短、头晕目眩。

刚毕业的赵琼在求职时发现一个岗位比较适合自己,但为了保险起见,她亲自去那家公司考察整个工作环境和氛围。谁知道,她一进办公室就闻到一股浓郁的烟味,而且各个同事的办公台面也不整洁,大家几乎都是在边聊天边做事,看到不认识的她也没有人上来打招呼……看到此情此景,赵琼顿时打消了求职的念头。

这家企业合法吗

求职前,一定要了解清楚这家企业是否合法、是否有诚信。因为用人单位只要持营业执照复印件、单位介绍信、经办人身份证复印件等资料到劳动部门备案后,即可在报纸上刊登招聘广告。至于广告内容是否含有水分,我们就不得而知了。

身为涉世之初的年轻人,我们的社会经验本来就是相当缺乏的,所以一定要了解企业是否合法,若上当受骗,后果就不堪设想了。

掌握公司情况的途径

通过相关网站或黄页了解相关信息是最便利的途径之一。一般公司的主页上都会刊登有企业简介、经营理念、企业文化、普通福利等基本信息，通过浏览这些信息，我们能了解到企业是否有实力，企业文化是否适合自己，基本福利是否令自己满意……此外，众多企业主页上都设置有交流平台，可以解答你的任何疑问。

亲自去实地考察一番是最直观的了解途径之一，但会耗费更多的金钱和时间。实地考察企业能帮助我们了解到企业的真实工作状态，尤其是通过观察企业员工的工作状态更能增加我们的认识。如果员工都非常热情而敬业，精神状态积极，那就说明他们是真心拥护公司，这家公司的凝聚力非常棒，高层管理非常人性化；反之，则要认真思量一下自己是否要投递简历。

如果能亲自去实地考察，一定要留意员工的谈话内容，如果员工都在聊业务工作，则说明这家企业的业务量较大，利润较好；如果员工都是天南地北地谈事，则说明企业的工作较少，我们就要考虑一下是否要换一家公司投递简历了。

有机会的话，直接找该公司的员工交流是了解企业的最佳途径，当然，不要找那些涉及机密岗位的员工交流。企业是否有实力、员工是否有发展前途、上司是否好相处、企业福利是否合适、工资是否按月足额发放、企业是否遵守国家法律、员工权利是否能得到维护……这些所有的疑问，企业员工是最有发言权的，其答案也是最真实的、最有参考价值的。

曾有人说，认识三个人就认识了全世界人。这句话在我们求职时一定要派上用场。利用自身拥有的所有人脉关系来打探应聘企业的情况是最有效率的途径之一。亲朋好友的立场往往和我们一致，所以，求职时，一定要认真参考他们的意见。

涉世之初，我们求职时务必要慎重对待，多花点心思来了解这些常识吧，一定会对我们求职有帮助的！

第❷章

职场保障：这些问题不可以糊里糊涂

★★★ ★★★

身在职场，年轻的你一定要学会维护好自身的合法权益，这是保证你顺利发展的前提和基础。刚入职场的年轻人要熟悉和掌握劳动法律法规，认真学习《劳动合同法》，明确劳动合同应包括哪些内容，并且要知道你所应当享有的权利和福利，谨防上当受骗，影响未来的事业。

审查你的合同及用人单位的资格

用人单位是否具备法定的资格，是你和用人单位之间能否形成劳动关系的前提。

我国《劳动合同法》第二条规定：中华人民共和国境内的企业、个体经济组织、民办非企业单位等组织（以下称用人单位）与劳动者适用本法。国家机关、事业组织、社会团体和与之建立劳动合同关系的劳动者，依照本法执行。

根据该规定，我国法律规定的用人单位的基本主体是企业和个体经济组织。其他主体则包括国家机关、事业组织、社会团体。上述用人单位必须具有与劳动者建立合同关系的资格和权利，如果没有，则需要相关的上级机关批准。

与用人单位签订劳动合同

劳动合同是你与用人单位确立劳动关系、明确双方权利和义务的协议。

从合同的效力上讲，一旦你与用人单位双方签订了劳动合同，就应该受合同内容的约束。从诉讼的角度来看，书面合同则是证明双方存在劳动关系的重要证据。

与用人单位出现纠纷应及时解决

如果你与用人单位发生了劳动争议，你可以向本单位劳动争议调解委员会申请调解；调解不成，你一方要求仲裁的，可以向劳动争议仲裁委员会申请仲裁。你也可以直接向劳动争议仲裁委员会申请仲裁。对仲裁裁决不服的，可以向人民法院提起诉讼。

如果是你提出仲裁要求的话，应当自劳动争议发生之日起 60 日内向劳动争议仲裁委员会提出书面申请。仲裁裁决一般应在收到仲裁申请的 60 日内作出。由于我国法律规定的仲裁实效只有60天,因此,你在与用人单位发生纠纷后,应及时申请仲裁,以免超过时效而得不到仲裁机关的支持。

劳动合同条款内容要齐全

要更好地运用法律武器来维护自己的合法权益,刚入职场的年轻人首先要熟悉和掌握劳动法律法规,认真学习《劳动法》,明确劳动合同应包括哪些内容等。其次要认真审查用人单位提供的劳动合同内容中双方当事人的权利和义务是否对等,劳动合同的订立、履行、变更、终止和解除条件是否完整,劳动保护和保险、法律责任等是否明确,结合用人单位行业和岗位特点的有关内容是否写进了劳动合同文本等。

通常,一份正式的合同应该条款齐全,日后发生劳动争议和劳资纠纷,可以查证核实。签订劳动合同必须是法人代表和劳动者个人,法人代表不亲自与你签订劳动合同的,要履行授权委托手续,委托他人与你签订劳动合同同样具有法律效力。签订劳动合同时,合同双方当事人签字并加盖印章,以示正式。

别签"生死合同"

有些危险性行业的用人单位为逃避该企业承担的责任,常常在签订合同时,要求你接受合同中的"生死协议",即一旦发生意外事故,该企业不承担任何责任。

因为当下找工作不容易,有的年轻人为了得到工作,违心地签订了这样的劳动合同,却不知这样做的结果是用人单位无视劳动者的安全,如果发生了意外,会给你造成很大的损失。

你要知道,《劳动法》第十八条明确规定:"采取欺诈、威胁等手段订立的劳动合同"属无效劳动合同,不具有法律约束力。因为诚实信用是合同的重要法律原则,也是人与人之间建立各种关系的准则。订立劳动合同时,当事人一方故意隐瞒真实情况或有意制造假象欺骗对方,致使另一方上当受骗,造成与实际情况不符的认识和判断,而同意订立的劳动合同,属于采取欺诈手段订立的合同。另一种情况是用人单位以可能实现的危害对方人身安全或财产安全的行为相要挟,迫使劳动者违背意愿而与其订立劳动合同,此类

属于采取威胁手段订立的劳动合同。

上诉这两种合同都是“生死合同”，是不具有法律效力的劳动合同，你在签合同的时候一定要注意，千万不可以签。

警惕合同抵押金问题

有些不规范的用人单位，在你签订合同时，往往要求同时交纳一定数量的抵押金，多则几万元，少则几千元。你一旦违反约定，合同抵押金就被没收，而用人单位因此就有了有恃无恐的把柄，你只好唯命是从。

因此，刚走入职场的年轻人应该首先弄清用人单位收取抵押金的用意，了解清楚用人单位的声誉，以权衡是否签订这份劳动合同。法规规定，合同签订中，用人单位强制要求求职者交纳任何形式的抵押金都是不允许的。除此之外，依法签订的劳动合同文本双方要各执一份，妥善保管，以免发生问题时找不到确切的证据。

口头合同不可信

一定要避免与用人单位以口头合同形式订立劳动合同。在《劳动法》第十九条明确规定：“劳动合同应当以书面形式订立。”这就明确了劳动合同的形式是用文字方式表示，而不是口头表达方式。

正所谓：“口说无凭，立字为证。”建立劳动关系的这个“字”就是劳动合同。在具体操作中，如果刚走出校园的你求职是通过熟人牵线，因为种种原因，你与用人单位只是简单地达成了口头用工协议，那么这种口头用工协议对你是相当不利的，一旦工作中发生劳资纠纷，用人单位很容易侵犯到你的合法权益，而你却因无合法证据，只能承受可能发生的一切损失。

刚入职场的年轻人要学会充分保障并维护自己的个人利益，在正式进入用人单位工作时，一定要与用人单位签订正式的用工合同，以明确双方的责任与权利，以便出现问题时能用合理的武器保证自己的权益不受侵害。

提高维权意识，保护好自己

身在职场，或多或少会发生劳动争议问题，当你面临这些问题时，一定要学会维护好自身的合法权益。现在向你介绍几条维护自己合法权益的途径。

依据《劳动法》规定，用人单位劳动争议调解委员会是依法建立的单位内部专门处理劳动争议的机构。它在职工代表大会领导下开展工作，在用人单位工作中有着相对独立的地位，它享有法律、法规赋予的专门调解处理劳动争议的权力。它在进行调解工作时，不受单位行政和任何人的干预，立足于当事人之间，从维护当事人双方的合法权益出发，来妥善处理劳动争议。

用人单位劳动争议调解委员会处在劳动工作的最基层，是处理劳动争议的前沿阵地。调解委员会对本单位的劳动条件、工作环境、各项规章制度以及职工的工资、福利等比较熟悉，便于查清事实，分清是非。调解委员会由本企业的工会代表、用人单位代表和职工代表组成，具有群众性，也能提出切实可行的解决办法，达成协议容易履行。因此，它作为劳动争议处理的第一道防线非常必要。

走入社会、进入职场的你已成为劳动者，当你自认或公认权利被侵害时，应及时向企业内部劳动争议调解组织递交书面申请，主动提出企业调解请求，并填写“劳动争议调解申请书”。企业劳动争议调解委员会受理案件可先行协商解决，进行案外调解，把矛盾及时化解，把申诉人反映的问题尽快解决。如协调难以办到的，可依照调解的法定程序进行，认真审查劳动争议案件事项。这其中审查的内容主要是当事人申请调解的事由是否属于劳动争议，是否属于企业劳动争议调解委员会的调解范围，调解申请有无明确的被诉方，申请调解是否合理合法。经审查符合条件的，应及时通知双方当事人；不能受理的，要向申请人说明理由。

企业劳动争议调解委员会调解劳动争议案件，一般要指派人员调查案件事实，在调查取证的基础上，召开调解会议。经调解达成协议的，制作调解协议书；调解不成的，也应做好记录，并制作“调解意见书”，说明情况。

法律规定，调解委员会调解劳动争议案件的时效为30天，30日内未结束的，视为调解不成。

我国处理劳动争议的一种基本形式是仲裁，其也是处理劳动争议的必经程序。劳动争议仲裁委员会处理劳动争议案件，一般实行属地管理原则，申请仲裁解决劳动争议程序是非常严格的，当事人申请仲裁机关仲裁劳动争议案件，是仲裁委员会处理劳动争议案件的先决条件，也是必经程序。

按照《劳动法》第八十二条规定，当事人应当自劳动争议发生之日起六十日内，以书面形式向仲裁委员会申请仲裁。当事人向劳动争议仲裁委员会申请仲裁要提交申诉书，并按照被诉人数提交副本。

仲裁申诉书要写明的事项是：①职工当事人的姓名、职业、住址和工作单位，用人单位名称、地址和法定代表人的姓名、职务；②仲裁请求和所根据的事实和理由；③证据、证人的姓名和住址，当事人如果由委托人代理申诉，申请时要同时提交有委托人签名或盖章的委托书，委托书要明确委托事项和权限。

劳动争议仲裁委员会受理劳动争议案件，要对申诉书进行认真的审查，经审查，发现申请书或申诉材料不齐备或有关材料不明确的，办案人员应当指导申诉人予以补充。材料完备之后，履行立案程序，作出受理与不予受理的决定，送达双方当事人。

仲裁审理的程序是法律严格规定的，一般仲裁庭处理劳动争议案件，要开庭调查争议案件事实，复杂案件现场调查取证材料。在此基础上，先行调解；调解不成的，及时仲裁，并下达《仲裁裁决书》。

依照法律规定，双方当事人对仲裁裁决无异议的，当事人应当履行。如本人不同意仲裁裁决意见，可在收到裁决书15日内向当地人民法院起诉。

法律规定，不能以不服仲裁裁决的意见为由将仲裁委员会列为被告，未经仲裁的劳动争议案件，法院是不予受理的。

《劳动法》第八十五条规定："县级以上各级人民政府劳动行政部门依法对用人单位遵守劳动法律法规的情况进行监督检查，对违反劳动法律法规的行为有权制止，并责令改正。"第八十八条规定："任何组织和个人对于违反劳动法律、法规的行为有权检举和控告。"据此，当你发现自己的劳动权益受到侵害，应当向劳动监察机关举报。

劳动行政监督检查是一种执法行为，也是一种行政性执法行为，法律赋予劳动行政执法机构在执行公务时有权进入用人单位了解执行劳动法律、法规的情况，查阅必要的资料，并对劳动场所进行检查。

检查中,劳动监察机关重点对重大事故隐患单位和事故多发单位以及职工投诉、举报的用人单位等进行监督检查。同时,还可以联合有关部门开展执法大检查。法律规定,如果劳动者将企业用人单位的侵权行为控告到监察机关没有得到处理或对处理结果不服,劳动者可以将监察机关作为被告诉讼至人民法院。

除此之外,你也可以通过信访形式书面或当面反映到工会、妇联、信访等部门,结合具体实际情况,采取一定的形式和手段维护自己的合法权益,切实保护自己。

什么是住房公积金

住房公积金是单位及其在职职工缴存的长期住房储金,是住房分配货币化、社会化和法制化的主要形式。住房公积金制度是国家法律规定的重要的住房社会保障制度,具有强制性、互助性、保障性。单位和职工个人必须依法履行缴存住房公积金的义务。职工个人缴存的住房公积金以及单位为其缴存的住房公积金,实行专户存储,归职工个人所有。这里的单位包括国家机关、国有企业、城镇集体企业、外商投资企业、城镇私营企业及其他城镇企业、事业单位、民办非企业单位、社会团体。

住房公积金的性质和特点

性质:

建立职工住房公积金制度,为职工较快、较好地解决住房问题提供了保障。

建立住房公积金制度能够有效地建立和形成有房职工帮助无房职工的机制和渠道,而住房公积金在资金方面为无房职工提供了帮助,体现了职工住房公积金的互助性。

每一个城镇在职职工自参加工作之日起至退休或者终止劳动关系的这一段时间内,都必须缴纳个人住房公积金;职工所在单位也应按规定为职工补助缴存住房公积金。

特点：

城镇所有在职职工，无论其工作单位性质如何、家庭收入高低、是否已有住房，都必须按照《住房公积金条例》的规定缴存住房公积金。

单位不办理住房公积金缴存登记或者不为本单位职工办理住房公积金账户设立的，住房公积金管理中心有权责令限期办理，逾期不办理的，可以按《住房公积金条例》的有关条款进行处罚，并可申请人民法院强制执行。

《住房公积金条例》明确规定：职工住房公积金应当用于职工购买、建造、翻建、大修自住住房，任何单位和个人不得挪作他用。

除职工缴存的住房公积金外，单位也要为职工交纳一定的金额，而且住房公积金贷款的利率低于商业性贷款。

职工离休、退休，或完全丧失劳动能力并与单位终止劳动关系，户口迁出或出境定居等，缴存的住房公积金将返还职工个人。

住房公积金的用途

住房公积金应当用于职工购买、建造、翻建、大修自住住房，任何单位和个人不得挪作他用。

职工有下列情形之一的，可以提取职工住房公积金账户内的存储余额：购买、建造、翻建、大修自住住房的；离休、退休的；完全丧失劳动能力，并与单位终止劳动关系的；出境定居的；偿还购房贷款本息的；房租超出家庭工资收入的规定比例的。

依照规定，提取职工住房公积金的，应当同时注销职工住房公积金账户。职工死亡或者被宣告死亡的，职工的继承人、受遗赠人可以提取职工住房公积金账户内的存储余额；无继承人也无受遗赠人的，职工住房公积金账户内的存储余额纳入住房公积金的增值收益。

缴存住房公积金的职工，在购买、建造、翻建、大修自住住房时，可以向住房公积金管理中心申请住房公积金贷款。住房公积金管理中心应当自受理申请之日起 15 日内作出准予贷款或者不准贷款的决定,并通知申请人;准予贷款的,由受委托银行办理贷款手续。

《《 住房公积金缴纳规定 》》

职工和单位住房公积金的缴存比例均不得低于职工上一年度月平均工资的5%;有条件的城市,可以适当提高缴存比例。具体缴存比例由住房公积金管理委员会拟订,经本级人民政府审核后,报省、自治区、直辖市人民政府批准。城镇个体工商户、自由职业人员住房公积金的月缴存基数原则上按照缴存人上一年度月平均纳税收入计算。

单位不办理住房公积金缴存登记或者不为本单位职工办理住房公积金账户设立手续的,由住房公积金管理中心责令限期办理;逾期不办理的,处 1 万元以上 5 万元以下的罚款。单位逾期不缴或者少缴住房公积金的,由住房公积金管理中心责令限期缴存;逾期仍不缴存的,可以申请人民法院强制执行。

《《 企业福利待遇有哪些 》》

除了“五险一金”这类的强制福利之外,大多企业还有自己的自主福利。主要可以概括为商业保险福利、现金福利、实物福利、服务性福利等类。

意外险投保费用低、保障高,是很多公司的选择。商业医疗保险作为社会医疗保险的有力补充,减轻员工因疾病带来的经济压力,可以大大提升员工对企业的归属感,也有较多的企业采用。企业通常还为关键职位的员工购买商业人寿保险,并允许职工自行交保再增购一定数额的额外保险。

家属保险,多为子女险,企业为员工的一个孩子提供门诊医疗保险的情况比较常见。如一些效益良好且属于智力密集型的企业沿袭了过去全民所有制企业医疗费用全额报销的方法。

通信补贴、交通补贴及餐食补贴都是较常见的项目。但其中的餐食补贴、交通补贴与实物福利中的员工宿舍、免费工作餐、免费班车互补,通常可由员工自行选择。一些智力型企业放宽了带薪休假期限,最长的已达 25 天。

还有一些企业实行住房贷款利息给付计划。即根据企业薪酬级别及职务级别确定每个人的贷款额度,在向银行贷款的规定额度和规定年限内,贷款部分的利息由企业逐月支付。也就是说,你的服务时间越长,所获利息给付越多。

对员工提供教育方面的资助,为员工支付部分或全部与正规教育课程和学位申请有关的费用、非岗位培训或其他短训,甚至包括书本费和实验室材料使用费。

为职工提供法律及个人职业发展方面的服务,充分利用企业延聘的法律专家或咨询顾问,为员工及其家庭提供服务。

目前中小学甚至幼儿园日益高涨的赞助费已成为工薪阶层十分头疼的一项支出。企业适时推出子女教育辅助计划,一定程度上可以满足员工的需求,不过推出这种福利计划的企业并不多。

一些绩优企业推出股票所有权计划,也非常受欢迎,不少员工为保住股票持有权甚至拒绝其他企业的高薪诱惑。

即公司把花在你身上的附加福利数额告诉你,允许你在公司指定的多项福利计划中选择,直至花完其个人额度为止,但对某些重要福利则规定最低额度。这种福利制度操作起来问题比较多,因此实行的企业比较少。

免费工作餐和免费班车多为那些交通不够便利的企业为员工提供的。而提供员工宿舍的企业则一般有轮班的安排。

年度体检和企业埋单的定期团队活动是较为普遍的。年度体检不仅让员工感受到了企业的关怀,同时也保证了企业人力资源的身体素质。

团队活动方面,大多数企业采取的大规模全员活动 + 小规模部门活动的方式,活动内容除了聚餐、娱乐,还包括健身、旅游等。团队活动的成本比较可控,对建立企业文化、调节员工情绪、增进团队协作等方面所起到的作用却非常明显。

第❸章

职场面试：1分钟推开好职位之门

★★★ ★★★

面试可谓年轻人走入职场最重要的一步，从某种意义上说，面试就是一种自我推销，因此你要在最短的时间内尽可能地向面试考官展示你的得体衣着、良好谈吐、学识能力、应变能力。

所谓好的开始是成功的一半，面试对你求职成败有重大的影响。年轻人一定要重视面试，将面试看作展示自己的舞台，一定要在有限的时间内，将自己最美好的一面毫无保留地表现出来，令面试官产生此岗位非你莫属的感觉，这样，你的才能才能得到施展，你的青春光芒才能在职场绽放。

得体衣着给人留下好印象

俗话说："人靠衣装，佛靠金装。"在求职面试过程中，得体衣着的作用更是不可小视，甚至将影响到面试的成败。面试从某种意义上说就是一种自我推销，除了要在短时间内尽可能地展示你的学识能力外，还需要用得体的衣着打扮来吸引面试考官的目光。在面试中，第一印象对求职成败有重大的影响，如果我们的穿着随便，很可能会给考官留下不重视该工作的印象。

穿着得体显示专业素养

如何才能穿着得体，体现出自己的专业素养和真心诚意呢？这就需要你从各方面做足功课，先了解面试工作的性质和特征，再从颜色、款式、搭配上着手。

面试前，我们要多花些时间研究应聘公司的文化，通过网站上提供的数据及图片，了解其雇员的衣着服饰搭配。一般而言，会计事务所、银行、法律事务所等机构因工作较严肃，需要着较为正式的服装；而比较自由的行业，如设计师、网络工作者，则服饰方面可较为随意。

面试衣服的颜色要以黑、白、灰、蓝、咖啡色为基调。黑色颜色较深，容易给人难以亲近的感觉，需要搭配鲜艳色彩的配饰。

此外，可考虑灰色和蓝色：灰色除了能与白色搭配外，粉紫也是很好的选择；而蓝色的衣着，给人自信的感觉，可以搭配白或杏色。

咖啡色的搭配非常养眼，给人以温馨、安定、亲切的感觉，搭配米色的配饰为首选。

女士面试穿着得体显气质

服装及饰品的搭配得体是女性求职者留给面试考官的第一印象，能体现出女性的良好气质和修养，为顺利求职增色不少。

女性面试时适宜化清爽自然、轻松明快的淡妆。肌肤良好的女性，只要准备腮红、睫毛膏及唇膏即可。肌肤稍有瑕疵者，则可打层薄薄的粉底。发型也要自然归整，如我们平时是长发飘逸，则面试时应将长发束起来或高高梳起，以免散乱难打理。此外，一定要修理好指甲，保持整洁。

可佩带小巧的耳环、简单的项链和款式精致的手链，此外，与服装搭配的包包必不可少，款式及颜色应大众化、典雅一些。

无疑，套装是最能体现女性素养和专业度的穿着。面试时，我们最好准备 1 至 2 套，包括长裤、短裙各一套。至于款式，可根据自身喜好酌情选择。在颜色方面，深色套装为首选。

不管你选择的是哪一款的裙子，裙子的长度一定不能短，落座后，裙长绝对不可以短于大腿的一半，以防“走光”，给考官留下轻佻的印象。及膝裙是不错的选择，即使出外约会聚餐也很适宜。

一件得体的衬衫一定不能少，其绝对是穿着套装的好搭配，可借由颜色深浅、衣领差异来反衬出套装的不同特色，让你看上去整体感觉更好。

刚毕业找工作时，正好是夏天，一定要注意长腿丝袜不要刮破，建议随身多带一双，以免意外的尴尬发生。鞋子的款式和颜色也要考虑到整体搭配中。面谈时应着高跟鞋，鞋跟 3 ~ 5 厘米为宜，不要穿平底鞋或细高跟女鞋，颜色以淡雅或同色系为主。

不宜选用大红、大橙或粉红、粉紫等颜色为主的衣服，此外衣服一定要合身，太宽显得随便，太窄显得寒酸。

衣服也不可以过度暴露，裙子过短、上衣无领无袖、吊带衣裙等是绝对不允许的。另外，套装上不宜镶有蕾丝、雪纺薄纱、明显的图案、亮片之类的装饰。这类装饰过于烦琐，会给考官留下凌乱、复杂的印象，不利于面试的顺利过关。

切忌浓妆艳抹，香水也要选用清新淡雅的香型。

男士面试穿着得体显稳重

别以为服装搭配只是女人的事情，年轻的男士也需要在面试着装上下一番功工夫哦！

领带是男士套装中必不可少的，但如若你选用一些太过简单的打法则显得你太过刻板，下面介绍一些适合求职面试的打法。

通常，我们选用的打法是驷马车结、半温莎结、温莎结和普瑞特结，这些都适合面试求职的搭配，但其中较为厚实和对称的领带结更为可取。较为厚实的领带结会给考官留下自信的印象，而对称的领带结则给考官以典雅的印象。

领带结的大小要根据衬衫衣领大小而定，例如小领带结应用来配搭窄衣领衬衫，而大领带结则应用来配搭宽衣领衬衫。领带的理想长度是大领带末端应触及皮带锁扣底端。

面试时应选用颜色和图案较保守和不打眼的领带，年轻人可以选择颜色较为明亮的款式。面料方面则建议大家选用真丝领带。此外，如果你未结婚，则不宜考虑使用领带夹等辅助部件，那是已婚男士的标志哦！

面试时，应穿着传统颜色的西装，全黑的西装不可取。材料方面可选择羊毛或羊毛混纺材料。如果款式为两粒扣的，则宜扣上不扣下；如果款式为三粒扣的，则宜只扣上面两粒。此外，西装口袋内不要放零散东西，手机、钱包应放在公文包内。

传统颜色的西装应搭配白色或淡蓝色的衬衫。此外，衬衫的袖子不能全在西装内，至少要留 1.5 厘米在外面。

西裤上应着深色且与皮鞋相配的皮带。

皮鞋的款式应以保守和深色为主，方头鞋为首选，如有鞋带为装饰更佳。别忘了，面试开始前擦亮你的皮鞋哦！

面试时的小细节不可忽视，袜子就是其一。应穿着深色的袜子，且须确保袜子的长度适中，坐下时不会让考官看到你的皮肤。白色的袜子不可取。

合适的公文包会让你看起来更专业，还能放笔、纸张、简历、证书等面试物品，但切莫背着书包或有背带的公文包前往面试。

面试前应确保发型是简单而干净、整齐的发式。

请在面试前刮掉胡子，以示对考官的尊重。

保持指甲修剪整齐、干净。

如无必要，不要使用香水。

面试时，不能穿着普通的上衣、T 恤、牛仔裤、短裤、露脚趾的鞋。不要选择太过突兀的穿着。面试时你所穿的西服、衬衫、裤子、皮鞋、袜子都不宜给人以崭新发亮的感觉，不可邋遢，不可修饰过分。

不同类型工作的面试服装搭配

应聘不同的岗位，面试服装也有不同的搭配技巧。

面试着装应以典雅为主，要给考官留下简洁干练的形象。尽量选择经典款式的套装，一套颜色比较保守的西服最为适合，更能显示出你的责任心和真诚感，让考官觉得你值得信赖。切不可穿得太花哨。

面试时应选用款式简单、中性，颜色素雅、冷色调的套装。值得注意的是要保持整洁，这也是考官所期望看到的，否则会让考官产生不专业的感觉。

面试时应选用感觉舒服、能给考官以干练形象的套装，建议女士可选用有束腰类设计的套装。

面试时应选用兼具时尚与沉稳的款式,可以穿得多彩多样一点,有创意色彩的修身设计会很容易打动你的考官。

在服务类行业就职,第一形象尤其重要,在面试中同样如此。西服套装对于这类职位试比较合适,而且一定要注意修剪你的指甲,整洁卫生对这个行业来说是相当重要的。

如果你要面试的是律师、会计师、审计师之类的工作,则要选用简单、干练、质感佳且颜色比较中性的套装。身处这类行业,一定要给考官以神圣、严肃、权威、专业的感觉。

言行举止为你面试加分

面试是刚毕业的年轻人拥有心仪工作的必经关卡。在我们尚未走进面试考官的视野时,他们对我们的印象全来源于简历,而当面试开始时,我们的穿着打扮、言行举止就会给考官留下深刻的第一印象,这将直接决定我们面试的成败。

面试开始前的举止礼仪

准时参加面试是必要条件,能提前抵达则效果最佳,如此,可以稍作休息,平复一下心情,整理一下着装。当然,如果过早抵达也不合适,这会让考官觉得你没有时间的把握和规划能力。这时,你不妨到附近的休息处休息一下,等时间差不多再前往面试地点。

面试开始前,如果没有工作人员通知,请不要擅自走进面试房间,哪怕前面一个面试者已经结束面试。待听到工作人员念自己的名字后,方可准备入场,入场前可先在房间外自信而有力地应答。

走进面试办公室之前,轻叩房门两三下为标准礼仪,得到考官的允许后方可进入，当然如有工作人员指引则可省略此礼仪。

进门后关门尽量要轻，不要用后手随手将门关上，应转过身去正对着门，用手轻轻将门合上。回过身来将上半身前倾30度左右，向考官鞠躬行礼，同时，可以很自然地扫视一下整个房间，确定面试办公室的基本布局，尤其是自己的座位，然后面带微笑，用目光逐一向各位考官致意，称呼一声“您好”。这既能体现出你的修养、稳重、信心，也能给考官以轻松的姿态。

切记，进门后一定要保持彬彬有礼而大方得体的举止，过分殷勤、拘谨、谦让都不可取。

走向考官、入座的举止礼仪

进入面试办公室后，下面你就需要迈着优美而稳健的步伐走向考官了。女士优美的步态能展现出优雅的仪态，给考官以从容不迫、优雅动人的感觉。男士则应以稳健的步伐走向考官，给人以充满力量和信心的感觉。

在走向考官时，应以大腿为主动力点，用双胯向上提的力量带动双腿，抬头挺胸，将重心落在脚尖，两臂保持自然摆动，这样的步伐会增强我们的信心，也会给考官积极向上的印象。目光保持与主考官的视线接触，不可躲躲闪闪，更不可低头或抬头看别处，尤其忌讳摇头晃脑、东瞅西望、左右摇摆。

面试开始前，不要自己主动坐下，而是要等考官示意你请入座时再坐下。在面试中，坐姿是非常关键的，应该稳稳当当地坐在座位上，给人一种镇静自若、胸有成竹的感觉。

一般来说，男士入座要轻，至少要坐满椅子的大半部分，后背轻靠椅背，双膝略可分开，身体稍向前倾，以示对考官的尊重；女士则要在入座前用手背扶裙，坐下后将裙角收拢，两腿并拢，双脚同时向左或向右放，两手叠放于腿上。

切不可双手相握，或者不断揉搓手指，这会给考官以没自信、怯场的感觉，从而令你的面试效果大打折扣。

面试进行中的举止礼仪

微笑是人类表情中最能给予人好感、便于沟通的表情，也是给考官留下好印象的必杀技。会心而善良真诚的笑意，会使你的脸庞更加美好，显得更亲切。微笑会使考官对你友善，这是面试成功的最好条件之一。

面试中，我们要随时保持微笑，微笑着进入、微笑着打招呼、微笑着回答问题、微笑着提问、微笑着离开……随时保持微笑能给考官以热情、礼貌的好印象，但要注意微笑要自然，僵硬而刻板的微笑只会显出你的拘谨和胆怯。

眼睛是心灵的窗户，所以我们也不要忘记面试过程中要把握好与考官之间的眼神沟通。面试进行中、谈话时，应正视考官眼睛和眉毛之间的部位，和对方进行目光接触，以示留神。如果你不敢正视对方，而是东张西望，不是看天花板就是看地板，考官就会认为你害羞、害怕、不专心、实力不够，如此一来，你自然无法顺利通过面试。

针对考官提出的问题，先要学会倾听，考官的每一句话都可以说是非常重要且值得我们集中精力、认真倾听的。

在考官完成提问后，我们要记住提问的侧重点，然后给自己数秒钟的时间想清楚后方能开始作答。回答时神情要镇定，态度谦虚，切不可滔滔不绝，口沫横飞，抢着回答各类问题。

面试过程中，难免会出现考官与你意见相左的时候，或是对某个问题的见解不一，或是待遇问题难以达成一致……这时，千万不要把面试办公室变成战场，因过于维护自身的利益而同考官发生争执。要记住，面试的目的是获得工作，而不是同考官比试口才，即使你赢了，也于事无补，因为你将丧失一个工作机会。这时，不妨不卑不亢地阐述自己的观点，给考官以有教养、懂礼仪的印象。

面试结束后的举止礼仪

不管是面试的哪个阶段，我们都要留给考官自信的印象，所以，离开的姿态，我们也要表现出自信。离开的走路姿态应该是，身体重心稍微前倾，挺胸收腹，上身保持正直，双手自然前后摆动，脚步要轻而稳，两眼平视前方。

步伐稳健，步履自然，有节奏感，会给考官以充满信心和力量的感觉，能为面试的结束画上圆满的句号。

细节决定成败，这句话在面试中同样适用。我们在面试时应该努力避免挖耳朵、擦眼屎、擦鼻子、打喷嚏、用力清喉咙等这些令人难堪的小动作。虽然这些动作看似轻易，却会毁掉你的面试，即使你整个过程表现得非常优秀。

在面试进行的过程中，我们可以将双手交叠在膝上，用拇指指甲抚弄着另一只手的掌心，这样你的双手就会被服帖地管制住，不会乱动。虽说喷嚏是生理现象，难以克制，但请你在不小心打喷嚏过后有礼貌地说声“对不起”，如此，尴尬的气氛就会好转了。

还有的年轻人因为涉世经验缺乏，常喜欢在脸上表露出对考官的话的反应，或惊喜，或不屑，或生气，或担忧，这样是非常不礼貌的，会让考官对你的印象大打折扣。

此外，需要引起注意的一个细节是，有的年轻人第一次参加面试，往往会因为紧张而下意识地抓头皮、弄头发，这看似不经意的动作已经完全暴露了你的不自信。其实要克服这类毛病也不难，保持轻松自在的坐势，双手平稳地、交握或抱着公文包即可。

自我介绍快速展示自我

求职面试，自我介绍是其中的必答项目，也是面试成功的敲门砖。若是我们能作出完美的自我介绍，就能给考官良好的第一印象，将会事半功倍地顺利通过面试。

所谓好的开始是成功的一半，自我介绍犹如面试中展示自己的活广告，我们一定要在有限的时间内，将自己最美好的一面毫无保留地表现出来，尽可能地激发考官的“购买欲”，令其产生此岗位非你莫属的感觉。

自我介绍把握分寸最重要

面试的总体时间是有限的，所以我们的自我介绍一定要简洁精练，尽可能地缩短时间，以半分钟为宜，至多不超过一分钟。当然，自我介绍的同时向考官提供一份详细的简历则效果更佳。

在自我介绍的过程中，要尽量保持自然、落落大方、笑容可掬的态度，始终给考官以充满自信的感觉。

眼神要正视考官的双眼，显得胸有成竹、镇定自若。说话的语气要自然，语速不紧不慢，吐词清晰。切忌任何冷漠的语气，过快过慢的语速、吐词不清的发音也会给人以不自信的感觉，令考官产生不良印象。

自我介绍所表述的所有内容，都一定要实事求是，可信度高，保持与所呈递简历的一致性。不可一味贬低自己去讨好考官，也不可自吹自擂，让考官觉得你是在吹嘘拍马、夸夸其谈。

制订完美自我介绍的步骤

要想完美地介绍自己，首先要对自己有充分地认识，想清楚：我上学时想从事什么职业？我现在想从事什么职业？我将来想从事什么职业？

第一个要想清楚的问题——你上学时想从事什么职业？上学时，每个学生都有一个梦想，都对自己的未来有所规划，所以在找工作之前我们就要想清楚这个问题。

第二个要想清楚的问题——我现在想从事什么职业？在我们从学校毕业，开始着手找工作的过程中，已经开始了与社会接触，观念或多或少会发生转变，所以我们要想清楚现在想从事什么职业。这个问题的基点是从自身出发，想清楚自己适合什么职业，有什么优势能让自己脱颖而出，想得越清楚，面试时所作的自我介绍的可信度就越高。

第三个要想清楚的问题——我将来想从事什么职业？在面试中，考官最在意的是你的将来，你将来能为企业带来什么、你未来的职业规划能否适应企业的发展等都是考官关注的重点。所以我们在自我介绍中要尽可能具体而合理地阐述这个问题，让你的自我介绍更有层次感和立体感。

对自我有充分认识，了解自己的优缺点后，就可以为自己量身打造自我介绍的内容了，这其中包括优点、能力、突出成绩、专业知识水准等。

所谓“知己知彼，百战不殆”，所以我们在面试前要充分了解所投公司的基本情况，尽量在自我介绍中做到投其所好，将自己的优点、专长与该岗位的需要密切联系起来，集中阐述自己能为企业带来的价值。

自我介绍的陈述顺序是非常关键的，是否吸引考官、令其对你有兴趣，全在你所陈述的先后顺序。

根据人的注意力规律，我们最想让考官注意的事情要放在最前面说，而最想让考官记住的事情则要放在最后说。

自我介绍中的完美表达术

想必，在你参加面试前，考官已经对你的基本情况有所了解了，所以在自我介绍时不要乏味地背诵简历。面试中自我介绍时，考官考查的是我们的语言组织能力及对自己的定位是否清晰。所以，我们不能一味地背诵简历，而是要在短时间内用新颖的方式让考官看到我们的优势所在。

对于涉世之初的我们来说，身上自然非常多的不足，所以在自我介绍的过程中不妨真诚告诉考官自己的缺点。

人无完人，人最可悲的是不知道自己的缺点，而最可贵的是能发现自己的缺点，并尽力完善自己。所以，在自我介绍中，完全不用回避自己的不足之处，可以直视着考官的双眼真诚地说出来，让考官感受到你的诚意和上进心。

不同的企业文化、不同的考官性格,对同一个应聘者的自我介绍会有不同的印象,所以,在面试时,要根据我们的观察适当调整自我介绍的策略。当然,学会观察人不是一朝一夕就能实现的,需要我们从上学开始就努力跟各种各样的人打交道,从中了解他们的心理和性格,这样在面试时我们就能很快判断出考官是什么样的人了。

专业不对口应如何作自我介绍

在求职中,我们很有可能会应聘到与自己专业不对口的工作,这时,我们如何作自我介绍才能在面试中占得优势呢?

如果所应聘的岗位与自己的专业不对口,那么在自我介绍时就要充分表现出自己的优势,向考官表明自己的立场,以争取更多的认同感。

自我介绍可从兴趣爱好、性格特征、与职业的合适度、自己学习的与该职业的相关知识等入手。整个介绍要有理有据,让考官充分信服。

自我介绍时应根据企业的特征、岗位的需求来调整自我介绍的侧重点。比如,该工作属于社交型的,可在自我介绍时展示出自身外向的性格特征;该工作属于研究型的,则应在自我介绍时展示出自己的沉稳、踏实的性格特征。总之,要具体问题具体分析,自我介绍胜在有重点,能让考官对你刮目相看。

面试自我介绍的注意事项

令考官对你有信心,你才能如愿走入理想的职场。所以,我们在面试的自我介绍中,要明确地告诉考官你所具备的能胜任该工作的能力与素质,只有你对该岗位有信心,并充分地展现出来,考官才能相信你。表现出这种信心后,你才证明了自己。

情绪是我们每个人的重要素养之一,对于年轻人来说,给人以安全感、成熟感的标志之一就是能控制自己的情绪,如果在自我介绍中情绪有起伏波动，就会产生负面影响。例如，在介绍自己的基本情况、缺点时面无表情、无精打采，却在谈及自己的优点时眉飞色舞、兴高采烈，这样是很不可取的。

一个明智的办法是：在谈到自己的优点时，只涉及与面试有关的优点，而且情绪要保持低调，最好选用轻描淡写、平静的语气，以事实陈述，切不可夸大自己。谈过自己的优点后，也一定要用真挚的语气谈自己的缺点，并在言语间表达出自己希望能改善和克服的强烈愿望。

有些应聘者总喜欢在自我介绍中加上“一定要……”“绝对……”等词，以强调自己踏上工作岗位后一定努力做出成绩的决心。其实，这是考官最不喜欢听到的词汇，他们更希望看到的是你的行动和真诚的眼神。

当今社会强调个性，尤其是年轻人，总喜欢与众不同。比如，有的应聘者自我介绍时说自己喜欢唱歌，随后二话不说就开始一展歌喉了。要知道，你是在参加面试，不是在秀场，考官希望看到的是一个成熟、稳重的年轻人，而不是哗众取宠的小丑，所以面试时一定要避免行为出格的雷人举动。

回答面试问题的技巧

面试中考官的问题往往千奇百怪，无所不有，所以学会回答面试问题也是一门艺术。掌握了回答问题的技巧后，即便是最普通、最常见的问题，我们也能回答得非常精彩，令考官眼前一亮，通过面试的概率也大很多。

控制好心理状态胜算多

涉世之初，参加面试，我们都会有不同程度的紧张感，甚至产生各种消极情绪。如果我们无法控制好自己的心理状态，就会出现回答问题思路混乱、语无伦次的状况。这会让考官对你的印象大打折扣，也是我们自己最不愿意看到的局面。下面，我们先来了解一些控制自身心理状态的方法。

学会转化情绪就是利用兴奋与抑制的诱导规律，使因紧张而产生的消极情绪被强烈的兴奋感取代。比如，当我们因过于紧张及担心面试失败而心神不宁，头脑一片空白时，不妨劝告自己放轻松一些，面试的关键在于体会过程，如果能顺利通过自然是皆大欢喜，如果不能则当积累经验。这种心理转换的结果，使原有的情绪集中点转移，紧张感也会随之减少，思考问题时便会轻松很多。

当面试出现诸如紧张、恐惧等消极心理时，我们一定不能让这些消极心理情绪蔓延和扩张，否则，一旦持续时间过长，势必会影响面试的效果。这时，我们要深呼吸，让自己冷静下来，以渐缓的控制方式在最短时间内控制住自己的情绪。

深呼吸的同时，我们还可附以手捏肌体等方式让自己的情绪尽快稳定下来。尽快地控制住消极心理，我们才能有更充裕的时间、更理想的状态思考和回答考官提出的问题。

想控制好自己的心理状态，还可以利用环境的影响力来抑制消极反应。一般来说，熟悉的环境、多次重复过的环境体验，可以增强我们的自信与稳定。因此，我们可以在面试前预先或提前到达应试场所，熟悉环境，这样既可以把握好面试时间，又可以减少自身的消极情绪。

回答错问题如何挽救

对刚毕业、面试经验缺乏的年轻人来说，因紧张而回答错面试问题的可能性极大。如果回答错了，应如何挽救呢？

回答错问题时，我们常会因为经验不足而懊悔万分、心慌急乱。这时，停下来默不作声或是伸舌头、扮鬼脸等慌慌张张的行为都是不可取的，会给考官留下不成熟的印象，不利于面试的继续进行。

在面试中回答错问题，其实考官是可以理解的，这时，你完全不用放在心上，继续专心地回答剩下的问题。

若是讲错话，则另当别论，如讲错一些比较常识性的问题。这时，为防止产生误会，应该马上更正道歉："非常抱歉，刚才我太紧张了，讲错了，我的意思是……请您原谅！"然后对考官深深鞠躬以示诚意，这种出错之后马上纠正的坦白态度，会增加考官对你的好感。

转换面试问题的方法

在回答面试问题时，我们有时需要根据具体情况适当转移话题，以达到更佳的面试效果。

何时需要转换面试问题

通常，当出现如下情况时，我们需要转换面试的问题：觉察到考官不愿继续听自己的答案了；问题回答得太枯竭，面试出现冷场；自己失言或遭遇突发状况；与考官意见分歧时；某些问题不便回答时。

一般来说，转移问题的方法有两类，一是不经意间完成转换，根据考官的问题侧重点的转移，自然完成话题的承接转换；二是有意识地转换，当问题涉及对我们不利的方向时，不妨有意识地控制回答方向，主动更换问题。

回答与自身有关的问题

当考官问到涉及你自身的问题时，我们一定要将回答的侧重点放在体现个人价值及胜任力方面，同时要突出展现自己最有优势的一面。一般来说，考官会从以下几个方面着手提出问题。

回答这类问题，一定要将时间范围缩小，选择最近的一次即可。在组织语言时，可选用生动、精练的语言展开描述，充分解释这次成就对你的重要性及带来的改变。最重要的是要将这次成就和你所应聘的工作岗位结合起来。在语气、姿态上一定要自信满满，让人信服。

刚走出社会的年轻人，谈及未来的职业规划时可能还不成熟，且针对性不强，对此，你回答时不妨将侧重点放在你想在本行业中努力学习、不断追求上进上。此外，可以讲讲比较现实而可行的短期目标，并说明这些短期目标帮你实现长期目标以及你所应聘的岗位能帮你实现长期目标。在语气和姿态上要乐观，但也不可夸夸其谈。

这个问题可以说是面试中的必考题，所以在面试前我们可以事先准备多个个人优点，并尽量在面试中展示出来。当然，你所回答出的优点一定要是和该岗位相关的，这时，可以附以事实说明。

对于自己存在的缺点也可以坦白相告，但最好是一些能改善的，比如说缺乏经验、涉世不深之类的。

回答这个问题，我们要从正面入手，将侧重点放在那些你想改善但事实上已经做得不错了的地方，并以事实说明你想改善的原因和期望达成的效果。

回答这个问题时，一定要强调出你对生活的热爱，可以谈谈你所热爱的运动，当然，最好是那些能显示出团队精神的运动；同时，也可谈谈你印象最深刻的书籍，并具体阐述其对你的积极影响力。

回答时，直接陈述现在申请的岗位就是最适合自己的，并说明具体原因，包括性格、能力等各方面都非常适合该工作。

回答这个问题时要强调自己的灵活性、说明自己是个有主见的人，最好能用事实说明自己既能与他人协同作战、并肩战斗，也能独当一面、完成分内工作。

这个问题也可以在面试前准备好，至少要想好三个方面，并能拿出有说服力的事例证明自己在学识、能力、胜任力上比其他应聘者更优秀，回答中着重阐述自己的优点。

记住，就算考官没有问这个问题，我们在面试中也要找机会谈谈自己的优势所在，让考官对你更有印象。

回答与能力有关的问题

当考官问到涉及你能力的问题时，你一定要将回答的侧重点放在体现个人能力及综合素质的方面，突出展现出自己的杰出能力。

回答这个问题，你可以把上学时要做的事情列出来，用具体事件证明你的时间规划能力很强，也可以一天为例，阐述你的时间安排。这其中要突出重点任务，说明你对事务轻重缓急的安排合理。

回答时一定要明确说出具体时间，并着重阐述团队精神对你的影响力和自己在团队中的作用。

这个问题本质上是一个时间规划问题，所以一定要说明你对工作轻重缓急的理解，同时要强调即使出现突发状况，也会按要求保质保量地完成手头工作。

这个问题对于涉世之初的我们来说，比较难把握，所以回答时不妨列举上学时所取得的成绩来说明自己有较强的解决问题能力和随机应变的应急能力，并借此说明自己在未来的工作中也能灵活处理各类状况。

回答关于工作经验的问题

想必每一家企业都希望能招到经验丰富、一入职即可发挥作用的员工，但这对涉世之初的年轻人来说就十分不利了，因为初出茅庐的我们几乎是没有工作经验的，那么在面试中我们要如何回答这类的提问呢？

在回答时，我们切不可因为自己经验不足就畏首畏尾，完全可以将问题的侧重点放在自己的领悟力强及勤奋努力上，以示自己会用所有的努力来弥补经验的不足，同时也可以举例说明自己在做兼职时的经验体会。

这个问题对我们来说不好回答，因为我们基本上毫无工作经验可言，所以，在回答时，不妨先问考官你将做的工作项目，然后将你在学校或做兼职期间积累的类似经验与之联系起来。

请在回答中务必强调人脉及条理性对工作成效的影响力，以此说明你具有杰出的团队精神及时间管理能力。

回答这个问题之前，一定要向考官问清楚问题的侧重点是学业资历还是工作资历。然后着重阐述自己在学业方面的资历，再与所应聘的岗位联系起来，说明自己于学业方面取得的成绩能指导未来实际工作的开展。

很显然，这是一个强调团队精神的问题，所以我们在回答时也要用事实

说明团队精神及同学间互帮互助的重要性;同时,也要联系你未来的工作,指出你与同事并肩合作才能更好地完成工作。

记住,在回答时,不要说之所以能完成工作全依赖与团队,而是要指出自己也有足够的能力完成工作,有他人合作是锦上添花。

同样是一个强调团队精神的问题。回答时,我们可以说明团队精神对哪行哪业都非常重要,着重强调团队精神的积极影响力,也可用一两句话涉及其负面影响,以说明你是一个拥有辩证思维能力的人。

回答这个问题时,不妨直面现实,承认自己的不足,但也要说明自己能快速掌握新的东西、拥有良好的工作作风、充足的知识储备,你非常相信自己能尽快适应角色、高效出色地完成工作、为企业贡献一己之力。

在回答前,可咨询考官你将从事的具体项目,然后就事论事,可剖析你的工作步骤,说明你多久能胜任该工作,完成每个步骤的时间,切记时间估算上要既有可实现性又非常乐观自信。

学历、培训方面的问题

如今的企业都崇尚不断学习的工作氛围,在面试的过程中,考官常会问涉及此方面的问题。在回答这类问题时,我们要将侧重点放在自身价值观、适应能力上,并着重说明我们能将所学的知识灵活运用到工作中去。

具体阐述你的选校经过,说明你在选择学校时已充分考虑到了未来的职业规划。记住,一定要把落脚点放在之所以选择该学校是你自己的想法,是你综合分析各类意见、信息后得出的个人意见上。

如果你所应聘的岗位是同你专业对口的,不妨在回答时结合职业规划及现在应聘的工作岗位说明你选择专业时是经过认真细致考虑的,将回答的重点放在对未来的职业规划上。

如果你所应聘的岗位是同你专业不对口的,可以选取你专业课程中与该岗位相关的课程说明,阐述此专业是与你现在工作有关联的,能有助于你未来工作的开展。

回答这个问题，一定要毫无疑问地说自己的选择是正确的，你对自己所在的学校和所学的专业都非常满意，并解释原因。同时，也要说明大学校园只是获得一部分知识的来源，社会是更好的大学，自己已作好准备，能够运用已有的知识在社会的大学中继续深造。

一定要记住，一个提起母校便不屑一顾的应聘者是不可能得到考官的赏识的。

回答时可根据具体的课程和知识点说明你在学校学到的知识完全能在工作中派上用场。同时，要强调你所受的教育不仅能使你充实大脑，还是你未来开展工作的基础。

此外，还可以列举你在学校组织过的各种活动、同他人合作的经验、曾利用所学知识解决的问题。在整个回答的过程中，要表现出充分的自信，相信自己能胜任这个岗位的工作。

这是一个可量化的问题，若是我们在校期间成绩优异，则可以直接以成绩说话，着重强调你的知识、能力范围决不局限于书本知识。

若是成绩不尽如人意，则可婉转地回答你在相关的课外活动中取得的成绩，然后尽快将话题转换到对你能力的陈述以及你将如何把这些能力运用于所应聘的岗位、如何提升社会适应能力等方面。

同样，这也是一个直观的问题。在回答时，我们可以将那些学习成绩比较好、与你所应聘岗位相关的专业列举为喜欢的课程；那些成绩稍逊、与所应聘岗位不相关的专业列举为不喜欢的课程。

注意应将喜欢和不喜欢该课程的原因归结为课程内容及老师讲课的方式，切不可让考官对你的能力产生置疑。

举例说明你曾担任过的职位，如团支部书记、班长、社团负责人之类，并说明你通过这些职位和组织而培养出的能力，联系你所应聘的工作展开说明你这些能力能运用到工作中。

回答这个问题要充分强调你的协调能力、主观能动性、统筹能力，并阐述出这些能力将如何能适用于这份工作，让自己尽快成长，为企业带来价值。

回答与年龄有关的问题

求职面试中提及年龄之类的问题对初出茅庐的年轻人来说并没有优势可言，因为考官会认为我们过于年轻，没有工作经验可言。

我们在回答这类问题时，要将回答的侧重点放在易于接受新事物、对电脑非常熟悉、对工作充满热情、愿意承担一切工作和责任等方面，要努力用自己的真诚回答打动考官。

在回答与年龄有关的问题时，我们要先仔细思考，要将回答的重点想清楚。如果一时半刻想不出怎么样回答，就不妨承认年轻这个事实，没准，坦诚的态度正是面试考官想要的答案。

之所以涉及年龄问题，是因为考官觉得我们年轻，没有工作经验，怕我们不能胜任工作。所以我们可以在回答中多涉及一些兼职工作时积累的经验。这样既能展示你的社会经验又能显示你的适应能力。

第❹章

职场入职：修炼让人喜欢的基本功

★★★ ★★★

刚入职的年轻人，给同事留下美好的印象、发展良好的人际关系对你的将来大有裨益。其实，一些简单的动作、得体的穿着、用心的问候都能增加你的印象分，助你在职场发展良好的人际关系。

面对暂时陌生的同事，你要有意地去主动向同事打招呼，主动去建立人脉，有意识地找出自己与对方的共同点，以缩小彼此之间的差距。其后，你就会感受到自己与对方之间存在的一种自然的联系，彼此的关系渐渐融洽、熟络起来了。而随着人际网络的扩大，你的工作也会更加顺利，未来自然是前程似锦。

首因效应不可忽视

首因效应即指两个素未谋面的陌生人第一次见面时所获得的初次印象对人的心理影响。心理学家经实验证明,若第一印象中彼此形成了肯定的心理定式,会使人在后续了解中多偏向发掘对方具有美好意义的品质;相反,若第一印象中彼此形成了否定的心理定式,则会使人在后续了解中多偏向于揭露对方不良的品质。

作为刚入职的年轻人,我们一定要注意给同事留下美好的印象。第一印象主要是依靠衣着打扮、言行举止、面部表情等,判断一个人的内在素养和个性特征。初次与同事接触时,温馨的问候、甜美的笑容、得体的服饰、优雅的举动,都能给对方留下良好的第一印象,而且这种良好的印象将会持续保持下去,使工作能顺利进行。

所以,在入职之初,我们要充分利用首因效应,将自己最美好的一面展示给同事,为日后进一步的融洽沟通打下良好的基础,让自己走好入职的每一步。

好开端助你有个好人缘

和同事交往,我们给人的第一印象是非常重要的,某种程度上能决定日后的工作沟通顺畅与否。

悠悠是做销售的,外表似乎并不起眼,业绩却是最好的,每次同顾客谈生意,似乎都不会失败。面对同事们的置疑和羡慕的眼神,悠悠说:“从我入职的第一天开始,我就会在每天出门之前照镜子,甚至只要有镜子的地方,我都会留意一下自己。如果你们能像我一样,也会有非常多的客户的。因为良好的第一印象是敲开成功大门的金钥匙。”

从悠悠的经验可以看出,重视第一印象确实能让我们顺利地在职场上打拼,因为每个人的衣着打扮和形象都是其个人思想的延伸和扩展,就像当我们想改变自己时,常常都会先改变自己的穿着、打扮、发型。

初入职场,年轻的你一定要相信外在形象显示了你的个性,同事们会根据你的外表决定是否和你交往,所以请务必重视你给人的第一印象。

《《 女性巧画眉，营造好印象 》》

对年轻女性来说，眉形的修饰技巧很重要，画得得体甚至能让人有脱胎换骨的感觉。眉毛的粗细、形状不同，会让整个妆容产生或娇媚、或个性、或刚强等不同的感觉，直接影响到你给同事的第一印象。这里给年轻女性们介绍一种温柔一字眉的画法，希望大家能给人以最佳的第一感觉。

第一步：用螺旋状的眉刷，顺着眉毛生长的方向，从眉头到眉峰的上方，再从眉峰到眉尾的下方，轻轻梳顺自己的眉毛。

第二步：使用专业的修眉小剪刀，小心地把眉峰到眉尾过长的眉毛修剪干净。

第三步：修整完毕，就开始画眉了。画的时候要从眉头开始，按眉毛生长方向，轻轻地由下向斜上方描画；接着从底边斜着往上，顺着眉腰往眉峰画，在眉峰处画一个圆润的弧度；最后从眉峰开始往斜下方画，一直画到眉梢处逐渐减淡直至消失。

第四步：画好之后，用眉刷将画好的眉毛，按着画的方向整齐地轻刷一遍，使眉毛自然而服帖。

眉毛稀疏的女性：利用眉笔描出短羽状的眉毛，以假乱真，再用眉刷轻刷，使其柔和自然。切记，这种眉形不能将眉毛画得太平板。

眉毛太弯的女性：可剃去上缘，以减轻眉拱的弯度。

眉头太接近的女性：可剃去鼻梁附近的眉毛，使眉头与内眼角对齐。

眉头太远的女性：可利用眉笔将眉头描长，以缩小两眉之间的距离。

眉毛过于平直的女性：可将眉头与眉尾的上缘剃去少许，再将下缘剃去，使眉毛形成柔和的弯度，让自己看上去更自然。

眉毛高而粗的女性：可剃去上缘，使眉毛与眼睛之间的距离拉近些。

眉毛太短的女性：可将眉尾修得尖细而柔和，再用眉笔将眉毛画长些。

眉毛太长的女性：可剃去过长部分，眉尾不能粗钝，要剃掉眉尾的下缘，使之逐渐尖细，有韵味。

圆脸适于描上升眉，使脸部相应拉长。

长脸适于描水平眉，使脸显得短一些。

方脸适于描方眉，使脸看起来较圆一些。

三角脸适于描大气一些的眉形，使下部的脸型看起来小巧一些。

倒三角适于描柔和的与稍粗的水平眉，使额头看起来显得窄一些，缩短脸的长度。

适合自己的衣服才最美

衣服作为职场一种“无声的语言”，直接反映着我们的品位和修养。若你的衣着特别时髦，同事们第一眼就会认为你性格活泼、思想开放；若你的衣服保守而端庄，同事们第一眼就会认为你处事拘谨、思想严肃；若你的每件衣服都熨得笔挺细致，同事们第一眼就会认为你注重小节，细心认真……

总之，合理搭配的衣服能彰显你的身材和品位，体现了你的修养和年轻的气息，既能增强你自己的信心，又能给同事良好的第一印象。

调和职业装灰暗的色彩

学会恰如其分地调和职业装灰暗的色彩，不仅可以修正、掩饰身材的不足，而且能强调突出你的优势。若是你身材上轻下重，则可选用深色轻软的面料做成裙或裤，以此来削弱下肢的粗壮。若是身材上重下轻，则可在入职时选用深色外套。

职业装穿着帅气、优雅与否，并不取决于衣服的价格，而在于搭配是否符合自身气质、年龄、身份、季节及所处的职场环境，还有全身上下色调的一致性。职业装正确的配色方法是选择一两个系列的颜色，并以此为主色调，其他少量的颜色为辅，作为对比，衬托或用来点缀装饰重点部位，如衣领、领带、腰带、丝巾等，以取得多样协调的统一视觉效果。

强烈色配合法顾名思义就是指两个相隔较远的颜色相配。职业装中常用的黑色配红色正是强烈色配合法之一，此外还有黄色配紫色，红色配青绿色等。

在进行强烈色搭配时，应先衡量一下，你是为了突出哪个部分的衣饰，要掩饰哪部分的身材缺点。一般说来，黑色与黄色是最亮眼的搭配，红色和黑色则是最隆重的搭配。但切记，不要选用沉着色彩进行搭配，如深褐色、深紫色配黑色，这样会令整套服装没有重点，且让你看上去显得很沉重、忧郁。

所谓补色配合法即为两个相对的颜色的配合，如红与绿，青与橙，黑与白等，补色相配的职业装能形成鲜明的对比，其中黑白搭配是永恒的经典和潮流。

职业装的协调色配合法可以分为同类色搭配和近似色搭配两种。

同类色搭配原则是指深浅、明暗不同的两种同一类颜色相配，比如青配天蓝、墨绿配浅绿、咖啡配米色、深红配浅红等，同类色配合的职业装会让你看上去柔和文雅、庄重沉稳。

近似色相配原则指两个比较接近的颜色相配，如红色与橙红或紫色与红色相配，黄色与草绿色或橙色与黄色相配等。

年轻女性职业装搭配原则

入职时，建议年轻的女性着低彩度的职业装。这样能在办公室中营造出沉静的气氛，增加你与同事之间的距离，减少拥挤感，令同事们工作更专心致志，也能让你们的沟通更平心静气。

同时，纯度低的颜色更容易与其他颜色相互协调，能将有限的衣物搭配出丰富的组合，会让同事对你产生和谐、亲切、谦逊、宽容、成熟的第一印象，从而有利于未来融洽的工作，亦令你更容易得到上司的重视和信任。

白色可谓百搭色，可自由地同任何颜色搭配，但要搭配得巧妙，也需要你动动脑筋。

一般来说，白色下装佩戴条纹的淡黄色上衣，是柔和色的最佳拍档；下身着象牙白长裤，上身穿淡紫色西装，配以纯白色衬衣，不失为一种成功的配色，可充分显示自我个性；象牙白长裤与淡色休闲衫搭配，也是一种成功的组合；白色褶折裙配淡粉红色毛衣，能给同事以温柔飘逸、年轻妩媚的感觉；红白搭配是大胆的结合，上身着白色休闲衫，下身穿红色窄裙，能给同事以热情潇洒、活泼大方的感觉。

在各种不同颜色的职业套装中，蓝色职业套装是最容易同其他颜色搭配的。无论是墨蓝色,还是深蓝色,都比较容易搭配,而且,蓝色具有紧缩身材的效果,给人以极富魅力的第一印象。

蓝色搭配红色,能给同事以妩媚、俏丽的感觉,但要注意蓝红比例适当,如若不然,则会产生反效果。

墨蓝色的外套,配白衬衣,再系上领带,会给同事以神秘、浪漫的感觉。

曲线轻盈、鲜明的蓝色外套和及膝的蓝色裙子搭配,再配以白衬衣、白高跟鞋,会给同事以轻盈、妩媚的感觉。

蓝色外套、蓝色背心,配以细条纹灰色长裤,会给同事以素雅、温柔敦厚的感觉。

蓝色长裙、白衬衫、淡紫色的小外套,会给同事以高挑、修长的感觉。

淡紫色毛衣、深蓝色窄裙,会给同事以成熟、风情万种的感觉。

金褐色及膝圆裙与白色大领衬衫搭配,能给同事以清纯、时尚的感觉。

素雅的褐色外套,红色毛衣、红色围巾,能给同事以鲜明生动、俏丽无比的感觉。

褐色毛衣配褐色格子长裤,则可给同事以雅致和成熟的感觉,让人觉得你是个可靠的年轻人。

同白色一样,黑色是个百搭的颜色,无论与什么色彩组合,都会展示出别样的风情。

米色同白色相比,多了些暖意与典雅;米色同黑色相比,多了些纯洁柔和。身处职场,米色的职业套装能给同事以气质纯净典雅和态度严谨、认真的感觉。浅米色的高领毛衫,配上一条黑色的精致西裤,黑色的尖头鞋子,能给同事以职业干练的感觉。

黑色条纹的精致西装套裙,米色的高档手袋,能给同事以职业、优雅、含蓄的感觉。

«« 主动向同事打招呼问好 »»

为什么有的年轻人刚入职就能和同事相处和谐,有的年轻人却好像总是不能融入集体?仔细观察就会发现,后者往往很少主动同陌生人打招呼,长此以往,必然会遭到冷遇。

通常,刚入职时,因周遭都是陌生的同事,我们会等着别人来和我们说话,而不会主动出击。这很大程度是因为涉世之初的我们没有勇气,或者是没有能力去驾驭自己。但若我们能在刚入职时有意地去主动向同事打招呼,主动去建立人脉,我们就会有意识地找出自己与对方的共同点,以缩小彼此之间的差距。这时,我们就会感受到自己与对方之间存在的一种自然的联系,彼此的关系就渐渐融洽、熟络起来了。

若是你想要有意识地建立属于自己的职场人脉关系,那么你就要有意识地改变自己的行为,主动去向同事打招呼,让同事在第一时间内注意你、认识你、了解你、信任你!

精彩的自我介绍不可少

一段短小精悍、精彩的自我介绍,能让同事在很短的时间里认识你。若是能给他们以良好的印象,那么未来你的工作也将是精彩、顺利的。

短小精彩的入职自我介绍,犹如精美的商品广告,在短短数十秒内,针对不同需要,将自己最美好的一面,毫无保留地表现出来,不但能给同事留下深刻的印象,还能即时引发他们想认识你的兴趣。

幽默地告诉同事,你能带给集体什么好处,能营造出怎么样的氛围。当然不能空口讲白话,必须有事实加以证明,简单轻松的事例即可。

无论你在学校的成绩有多么辉煌,人际关系有多么发达,它都已经是过去了,要知道,学校和社会是两个概念,所以,一语带过曾经的成就就好。入职的第一天,你已经翻开了人生崭新的一页,在这一页上,你还是白纸一张,无须赘言,你的能力要靠日后的工作来证明。

了解办公室氛围后,再投其所好地介绍自己的强项、技能、专业知识、学术背景等。

在自我介绍中,内容的层次排序极其重要,是否能紧握同事的注意力,全在于自我介绍的编排方式。所以排在头位的应是你最想让同事关注的事情,而这些事情,一般都是你最优秀的地方。

无论自我介绍的内容如何精彩绝伦，若没有得体的身体语言，只是干巴巴地站着，是绝对不行的。所以，在入职第一天的自我介绍当中，必须留意自己在各方面的表现，尤其是声线和身体语言。

一定不要用背诵朗读的口吻介绍自己，这会让同事感到你不成熟、紧张。最好事前找些朋友做练习对象，尽量令声线听来流畅自然、令眼神传递充满自信、令身体语言得体优雅，让同事觉得你就是他们中的一员。

快速熟记同事的姓名

姓名是一顶帽子，是父母寄予我们的生命的意义和期望，一个人的尊严、人格首先由他的姓名所凝聚。不管你信不信，那些能在最短的时间内叫出办公室所有同事名字的年轻人往往让同事感觉更亲切，也更容易受到领导重视。

入职伊始，我们会遇到很多的新同事，而我们要做的最必要的一件事就是以最快的速度熟记每位同事的姓名，尤其是那些将来同你工作密切相关的同事的姓名。

只要你记住了他们的名字，在你同他们相处的时候，呼唤着他们的名字，你们的关系就会非常轻松地过渡为朋友，这样你们心灵的距离就拉近了，工作起来自然顺畅、高效。

以最快的速度熟记每一位同事的姓名，是对同事的一种尊重，也是你自身良好素质和记忆力的体现，对增进你与同事间的亲密关系、你未来的职业发展有着异乎寻常的效用。切记一定要以最快的速度熟记每位同事的姓名，且不要放弃每一次呼唤同事名字的机会，相信每个人都是希望他人从内心深处呼唤自己的。

办公桌是新人的门面

作为刚入职的年轻人，你一定要学会抽出几分钟时间整理自己的办公桌，因为办公桌展示的是你的门面，也能一定程度上影响同事对你的看法。

学会整理自己的办公桌，其实也是一个学习打理工作的过程，把工作桌面整理得整整齐齐，日后工作才能顺利有序、心中有数、高效迅速地进行。

学会整理自己的办公桌，更是一种改善工作心情的过程。刚走入社会的紧张环境，难免会令你头昏眼花、心情烦乱、思绪错乱。再看着办公桌上杂乱的一切，一定会生出是否还有工作未做完之类的想法，长此下去，有用的、无用的、紧急的、日常的，各类文件、事情不仅会占满办公桌，还会侵占你的内心，试想，这时的你工作效率怎么会高呢？所以，学会整理办公桌吧，梳理一下工作计划，舒缓一下紧张的心情，愉快地结束每一天的工作，开始满怀期望的明天！

有的年轻人为了防电脑辐射，喜欢在办公桌上摆放绿色植物；有的年轻人童心未泯，喜欢在办公桌上摆放上玩具公仔；有的年轻人为图方便快捷，便签夹、手机座、各类装饰都喜欢一一摆上办公桌……如此一来，办公桌自然是“物满为患”，整理起来就颇费工夫了。这时不妨采用组合法来整理办公桌。

其实办公桌上东西多不要紧，关键在于整洁，方便及时找到需要的东西。用组合法整理桌面，就可以让一个物品具有两个甚至更多的功能，这样就能节省出不少空间。像卡通玩偶和绿色植物，看起来似乎是两个完全不同的摆设，事实上，你完全可以买一个类似玩偶的置物筐，然后将绿色植物放入其中。

此外，你可以买一个结合了手机座和便签夹的实物，这样便能达到一箭双雕的效果，让你的办公桌既有风景，又有空间。

如果你的办公桌上立着电脑显示器、笔筒、台历、大型文件袋、方形活页夹……想必，在这样一派“茂盛丛林”的影响下，你迟早会感到压力巨大，工作心情和效率锐减。这时，不妨将这些东西挂起来。

面对环绕着你的三堵“围墙”，一定要好好加以利用。试着把台历换成挂历，挂在“围墙”上；试着买一些能挂起来的笔，钉在“围墙”上也是不错的景致；试着买一些大口袋钉在“围墙”上，把小型文件置入其中……一些简单的做法就能解决你那些习惯“站”着的办公用品了，而且会让你的办公桌温馨而活泼。

在渐渐进入工作状态后，我们的工作就会越来越多，如果你的文件在办公桌上是散乱的，分成几摞的，有的是昨天已经处理好但未上交的文件，有的是今天要处理的文件，有的是辅助资料，有的是未签批的文件……那么迟早有一天你会被埋在文件堆中，陷入疯狂。但若是不一堆堆地摆放，而是全部放在一起，到时找文件又会成为另一件头疼的事情。此时此刻，没有比分类法更好的整理方法了。

面对散乱的文件,你须添置一个分类书架。因为分类书架上已经规划好了多个区域,只需按类把文件、资料、各种辅助书籍置入其中就行了,然后根据自己的实际情况,在醒目的位置贴上标签。

如果你的文件式样大小不同,你则可以添置一个分体书架,这样,不管你需要放入的文件有多少、有多大,只要用书架从两边一夹,就能将文件固定其中了。接着,再自己动手做一些自由款式的硬纸板,写上各类文件的名称便大功告成了。如此,不仅能让各个类别的文件一目了然,还令其因各种款式的卡片增色不少,而你的创意亦会令你的办公台成为众人瞩目的焦点哦!

如果你从事的工作琐事较多,那么你的办公桌上可能会充斥着未用完的名片、订完材料的订书器、粘完发票的胶水、剪完报表的剪刀、量完长度的尺子、系完包裹的绳子……总之是无奇不有。这时,一个小小的收纳盒就能帮你解决所有的问题。

买一个收纳盒,把办公桌上零碎的小东西全部分类放进去,这样不仅方便使用,还能让办公桌显得整洁干净。每一样暂时用不到的工具都能放入收纳盒中,相信每减少办公桌上一样物品,你的办公桌就会更整洁,你的心情也会更顺畅。

随时可以加班

加班,对现代职业人士而言,习以为常。或是临时任务需要,或是自己工作效率低,所以,刚入职场的年轻人要作好随时加班的准备。

通常,刚从校园走入职场的年轻人,在加班后会出现疲倦、郁闷、便秘、眼花等“加班后遗症”,甚至会因此影响工作的情绪。这时,我们就需要作好相关的准备,调节好自己的状态,争取能以最佳的姿态面对工作,这样升职、发展的空间和机会才会比较多。

加班前的准备工作

临时加班之前一定要吃热的东西,哪怕是一碗热的方便面也是很好的,当然如果能再喝上一杯热牛奶就更好了。但是一定不要吃难消化的食物，以免因肠胃负担过重增加困意，影响工作效率。

晚饭适量，不要以脑力消耗过大为由吃得太饱。

做好保暖工作是加班的重要准备之一，尤其是胃部和肚子要作好保暖，以免拉肚子。

加班一定要多喝白开水，多喝白开水对人身体百利而无一害。

加班过程中的准备工作

临时的加班常常会让我们感觉很累，但是无论多累，中间最好不要停下休息。其实身体也同机器一样，突然开始突然暂停，对身体是非常不好的，一旦开始工作，就必须要坚持把工作做完了才能休息。

加班过程中，当困意来袭，而工作又没有结束时，不妨饮用咖啡或茶水等有一定的刺激性的饮品来提神，但切记一定要饮用热饮，且浓度不要太高，以免造成肠胃损害。

加班过程中，可起立做点深呼吸、扩胸运动。

加班完成后，要坐在座位上闭上眼睛稍稍休息几分钟再离开。

加班后的调整恢复工作

加班完成后入睡前或起床后利用 5～10 分钟敷一下脸，为肌肤补充水分，延缓衰老。

洗脸时利用冷、热交替刺激脸部血液循环，令肌肤重新散发光泽。

涂抹保养品时，先按摩脸部 5 分钟，为肌肤吸收营养作好准备。

起床后先喝一杯枸杞茶，有补气养身之效。

起床后做个简易柔软操，活动一下筋骨，让身体充满活力。

随时加班必读"经书"

如果你的工作需要随时加班，那么你就要在办公室为自己营造适合加班的氛围，令自己能轻松地度过加班的每一分钟。

在抽屉中准备零食若干袋及速溶咖啡若干包。随时加班,会令你的工作时间概念混乱,可能一顿安宁的晚饭都是奢望。这时,用美味的零食补充热量,用速溶咖啡唤醒神经中枢吧,相信,这两样小食物提供的能量足够你完成工作了。

常备一双舒服的便鞋放在办公室。随时要加班,也不能总是将脚束缚在皮鞋内,不妨在加班时换上舒适的便鞋。相信,脚轻松了,你的思维也会活跃起来,办事效率自然不在话下。

间或运动不可少。上网学一点简单的办公室运动操,在加班过程中适当运动一下。如果可以的话,每小时站起来运动五分钟,长期坐着面对计算机可不是一件有益于身体健康的事情。

想提高加班效率最直接的方式就是尽量找异性同事搭档,所谓“男女搭配,干活不累”不无道理。

加班时,不要抱怨上司,面对上司的“关照”不妨报以温和的笑容,不要给上司留下你对加班不满的坏印象。要知道,上司也和你一样在加班,一分耕耘一分收获,让上司看到你享受加班的姿态,没准他会对你青睐有加呢,这样,你的职场之路还能不顺畅吗?

随时加班要及时告知家人。一人在外工作,最担心的莫过于家人。工作结束时给他们打个电话,回到家中再告个平安,家人也就能安心入睡了。

随时加班小贴士

随时要加班,意味着你一天中会有很多时间在办公室度过,在室内的时间过长,皮肤就会丢失大量水分,渐渐变得暗淡无光。这时,最快速有效的补救方法就是临睡前采用冷热水交替洗脸,然后敷上高保湿面膜。

如果隔天醒来,上述状况仍未得到改善,就需要进行适当按摩,以促进血液循环,然后画个淡妆,修饰一下容颜。

加班消耗的脑力、热量巨大,需要适量补充蛋白质、维生素 C 和葡萄糖。

加班完成后,应尽量避免以脂肪类食物做宵夜,而应选用能被快速分解为葡萄糖的食物为主,再辅之以含蛋白质,维 C 丰富的面条、鸡蛋、苦瓜、酸枣等食物。

上班及加班过程中,要长时间用眼,故需要补充维生素 A 及维生素 B 族以预防视力减弱等，所以要多吃胡萝卜、韭菜、鳗鱼等食物。

临时加班较多的年轻人，要注意加强白天的营养，应在午餐时多摄取一些鱼、肉等动物性蛋白质，为身体摄入足够的营养。

就餐礼仪知多少

进入职场，用餐的意义绝不仅仅是满足温饱，更成了非常重要的社交活动，因此，对于刚走入职场的年轻人来说，掌握必要的就餐礼仪就成了当务之急。

就餐礼仪“八不”原则

要在餐桌上让同事或上司、客户对我们产生良好的印象，就必须留心一下“八不”。

无论是男士还是女士都不宜涂过浓的香水，以免香水味盖过菜肴味道。

出席公司隆重晚宴时，女士应避免戴帽子及穿高筒靴。

用西餐时，当刀叉或餐巾掉在地上时，切不可以随便趴到桌下去捡，应呼唤周围的服务员另给你一套全新的餐具。

就餐完毕，若食物屑塞进牙缝里，不可以马上用牙签把它弄出，而应喝点水，看看情况能否改善。若未达到理想效果，应先暂时离席，到洗手间处理。

若发现菜肴中有异物，不可以大惊小怪地告知周围的人，以免影响他人的食欲。应保持镇定，将其挑出来，或呼唤服务员更换菜肴。

不可以在自己发言的时候不自觉地使用身体语言，挥舞刀叉。若自己是个身体语言丰富之人，请先放下餐具再发言。

不可以在用餐时随便吐东西。若食物太辣或太烫，可赶快喝水作调适；若情况无好转，可暂时离席到洗手间处理。

女士用餐前应先将口红擦掉，以免在杯或餐具上留下唇印，影响他人食欲。

就餐礼仪，别忘细节

不管你与同事、上司、客户选择的就餐形式是西餐、中餐还是自助餐，都要注意以下细节：

不管桌面上放置的是纸餐巾还是布餐巾，都是用来擦嘴周围的。不用餐巾的时候，请将纸餐巾放在桌子上，布餐巾放在膝盖上，千万不要挂在胸前或别在领口，这样会影响你的形象。

用完餐，将餐巾随意地折叠起来，放在盘子的左侧，切不可随意丢弃。

就餐时，不要把胳膊肘放在桌子上，但应将手放在他人看得到的方位。

无论食用的是西餐或中餐，都要准备公筷和公勺。

用餐时要优雅，不要翻菜或玩弄食物，这也会让你的形象大打折扣。

吃东西时，要闭嘴咀嚼，如要发言，一定要待吃完嘴里的食物后进行。如果当你正在咀嚼时，对方问你提问，可以示意对方，表明自己会在吃完后告诉他。

若是他人点的菜，你不喜欢吃，请低调而小心地推到盘子旁边，不要公开评论菜肴的味道。

安静地享用自己的食物，避免制造不雅的声音。若是需要打嗝或打喷嚏，请把头转到椅子后面，尽量不要引起其他人注意；如果情况比较严重，可以暂时离席，到洗手间处理。

面前的饮料应该小口饮用，切不可大口牛饮。即便对席间谈话不感兴趣，也不可以拿面前的饮料玩耍。

用餐完毕，离席时，要把椅子推进去，以免妨碍交通，给他人造成不便。

如出席商务宴会，请不要打包；若你觉得浪费，可以私底下交代服务员，让他散场后将打包的食物给你。

若与同事一起吃饭，之前无明确表示由某位同事请客，则需要在点菜之前申明 AA 制。

若享用的是一顿西式自助餐，不可以一次就把食物堆满整个盘子。盘子上满满的食物会让人觉得你是个贪便宜的人。可以每次拿少一点，少量多次用餐。

女士切记不要在餐桌上梳头发或补妆。

用餐时别把盘子拿起来，甚至吃东西时用手持盘也是不礼貌的。吃完面前的食物后，也记得别把盘子推开。

如选用的是西餐，一定要抬头挺胸吃面前的食物，要以食物就口，而非弯下腰弓着身子去吃饭。在优雅的餐桌礼仪中，用餐姿势可是最重要的。

眼睛看准食物才能动筷子

就座后姿势端正，脚踏在本人座位下，不可任意伸直。手肘不得靠桌缘，不可手放在邻座的椅背上。

在餐桌上不能只顾自己吃，也要关心别人，尤其要招呼两侧的宾客。

送食物入口时，两肘应向内靠，不要向两旁张开，以免碰及邻座，影响他人用餐。

不可以用手指剔牙，应用牙签，并以手或手帕遮掩。

在餐厅进餐，不可以抢着付账，尤其是推拉争着付钱，此举在公共场合甚为不雅。未征得同事的同意，也不可以代其付账。

掌握中餐上菜的顺序

在国内，食用中餐是非常普遍的，而中餐的上菜顺序又非常有讲究，所以，初入职场的我们一定要掌握中餐的上菜顺序。

一般来说，中餐讲究：先凉后热，先炒后烧，先上咸鲜清淡的菜式，再上味甜味浓的菜式，最后是主食。

宴席里的大致顺序为：茶（在饭店点菜，因为要等待，所以先来清口茶，但这不是必须的）、凉菜、大菜（若菜单中列有整只、整块、整条的高贵菜肴，如乳猪，全羊等，这不是必须的）、甜菜（包括甜汤，如冰糖莲子，银耳汤等）、点心（一般说来，大宴不供饭，而以糕、饼、团、粉、各种面、包子、饺子等各种点心为主食）、水果。

当然，这个顺序并非一成不变，如水果亦可作冷盘处理等，要根据具体情况具体考虑。

融入工作，转换角色

诸多刚走出象牙塔的年轻人走向工作岗位后，都会有这样的认识：明明寒窗苦读十几载，理论知识很多，为什么在职场却不能大展身手呢？有的人甚至因此而自卑或是频繁跳槽。

其实，人生的每个新阶段，我们都需要一段时间来适应，面对新的工作和环境也是一样，只有尽快融入工作，我们才能把理论和实际结合起来，发挥出自身的实力，让周围人刮目相看。

确认工作后，我们要开始进行走入工作岗位的准备阶段了。第一件要做的事情就是——确认上班路线。我们一定要事先确认上班的交通路线，知道自己如何在指定时间内上班，才能安排好其他事情，不至于手忙脚乱。守时也是现代社会工作岗位的基本要求。无论上司、同事、公司对上班制度是多么宽容，也要提前 10 ~ 20 分钟到达你的预定岗位，顺便打扫下室内卫生，让每个人都能享受到舒适的工作环境。

其次，要尽可能搜集与该公司相关的信息，如有没有分公司、组织结构和详细业务内容是些什么、自己所属的岗位属于哪个部门等。要明晰自己承担的工作角色，明确该工作岗位的要求和职责，熟悉该公司的工作制度、本职工作的业务程序和要求，弄清楚工作关系中上级领导赋予自己的职权和自己应尽的义务，把本职工作做到无可挑剔的程度，尽量将情绪和心态调整好，快速完成由学生向社会人的角色转变。

《《 适应环境才能改变现实 》》

要想改变现实，得到上司的认可，首先就要适应环境。正所谓“知己知彼才能百战百胜”，这对于刚走入职场的年轻人来说同样适用。

或许因为就业形势严峻，你并未找到最理想的工作，但即使你进入一个并不满意的公司、被安排到一个并不起眼的岗位、做着与你理想相距甚远工作，也不要自怨自艾，要学会适应环境。

只有尽快适应环境并将自己认为环境中的一员，你才能尽快适应工作，并出色完成自己的每一项任务；只有脚踏实地地做事，才能厚积薄发，终至游刃有余。随着你的实践经验的增加，你的工作能力和个人素质才能提升，你才能更好地融入工作，锻造出更强的竞争力，一举成名，成为上司和同事关注的焦点，踏上辉煌的职场之路。

《《 把工作放在第一位 》》

在走入工作岗位之前，大学的生活是自由的，我们可以灵活地安排自己的学习和娱乐活动，但进入职场后，朝九晚五的生活，势必会让我们有被束缚、自己的空间被压榨的感觉。

如果任由这种情绪蔓延，则会让年轻人对工作产生厌恶、抵触心理，这样，你就难以尽快融入工作了。所以，涉世之初的年轻人要从内心深处树立“工作第一”的观念，把生活的重心转移到本职工作中，并根据每天的工作合理安排时间，劳役结合以放松身心，尽快融入工作。

同时，年轻人要以积极的心态对待加班，对于任何一个岗位来说，加班加点都是不可避免的。如果你的工作需要加班，就不可以抱着不满或轻率的态度对待工作。若是自己本职工作未在指定时间内完成，加班是无可厚非的；若是看到周围有同事需要加班，我们也可以主动询问，看是否需要自己的协助。总之，若是没有什么特别的安排，下班时稍晚一点走也无妨。让上司、同事看到你积极工作的一面，自然有利于你尽快融入其中。

虚心、主动提高工作技能

通常，刚入社会的年轻人无法尽快融入工作，是因为自己所具备的理论知识与实际工作要求不相符。这时，我们既不能自卑、自暴自弃，也不能怨天尤人、浑浑噩噩，而是要不断丰富自己的知识，提高自己的工作技能，能够尽快胜任自己的工作。

提高工作技能的方法有很多，但最重要的是需要我们勤于学习。既要学习本职工作中的核心内容，又要学习为人处世；既要向本部门的上司、同事学习，又要向其他相关部门学习。总之要成为一个随时随地学习的有心人。

此外，还要学会勤于思考。经常把“为什么”挂在自己的头脑中：为什么要有这个程序、为什么这样说话、为什么这样处理……逐步养成任何事情在自己头脑中经过的时候都多加一道反思程序的习惯，就会在不知不觉中进步并适应工作了。

沟通无限，营造人际关系网络

走入职场，想单打独斗是不可能的，无论哪种工作，我们都需要与上司、同事合作，所以，要让自己尽快融入工作，就需要尽快建立起属于自己的人际网络。

与同事沟通的过程也是自己不断成长、不断融入工作的过程。在一间公司,上司自然有上司的过人之处,同事之间也不乏高人。多听听他人对工作的感受、对公司的看法,对自己的成长和适应大有好处。

当然,沟通交流的范围可以适当宽一些,多听听其他部门的情况,或者与自己在同类岗位的朋友的想法,在得到大量的信息后,我们要结合自身实际情况,去粗取精、为我所用,这样,才能从职场工作中得到无限的乐趣和享受,使自己尽快融入工作。

电话常识体现你的专业素养

电话在职场中,几乎是不可缺少的存在,应如何接电话,对刚入职场的年轻人来说是必须学习的一门艺术,是自身素养的体现。办公电话的礼仪,看起来是小事,却反映出你的思想素质和工作作风及效率。

接电话的礼仪要求

在办公室电话铃响时,我们应赶快接电话,在电话铃响三声之内接起电话,不要故意延误,然后以亲切、优美的声音主动报自己的单位和姓名,如:"您好,这里是××公司××部门,我是××。"接电话的过程中,一定要谨记自己的声音也代表着公司的形象,保持声音清晰、悦耳,以给对方好印象。

以喜悦的心情接听电话,即使对方看不见我们,我们也要用欢快的语调、喜悦的心情接听电话,这样对方才能被我们感染,留下好的印象。

接办公电话过程中绝对不能吸烟、喝水、吃东西,即使是不端正的姿势也能通过你的声线传达给对方,让对方对你产生不专业的印象。所以接电话时一定要坐姿端正、身体挺直,尽量保持声音温雅有礼,恳切大方;同时,也要注意嘴巴与话筒之间的距离,过近或过远都会影响接听的效果,应保持适当距离,适度控制音量,以免对方听不清楚、产生误会。

与对方通话时,要静静地听,不要随便打断,当然,在倾听过程中,你应附以简单的附和,不要闷不作声或毫无反应,否则会让对方产生你根本没有用心听的感受。这里要注意的是,一定不要忘记复诵一遍来电的要点,如会面时间、地点、联系电话等,以提高工作效率,避免记录错误或者偏差而造成的误会。

通话的时候一定要注意做好电话记录以备遗忘，这里提倡用左手拿听筒，右手写字或操纵电脑，如此就能轻松自如地达到与客户沟通的目的并做好必要的文字记录了。

打电话的礼仪要求

工作中，如要主动拨打电话，那么，首先你需要查清对方的电话号码，并正确地拨号。万一打错了电话，应向接电话者表示歉意，不要将电话一挂了事。

其次，通话时间要适当。一般来说，不在早上 8 点之前、晚上 10 点之后、三餐之间给人打电话，以免干扰对方的生活或是用餐的心情。

再次，你要列好一个提纲，以节省通话时间，提高电话沟通的效率，这也是一个非常好的工作习惯。电话接通后，主动介绍自己，这样方便再次确认自己是否打对了电话；然后迅速直奔主题，不要东拉西扯，同时要把交流时间控制在 3 分钟以内，最长也不要超过 5 分钟。即使这一次沟通没有完全表达出你的意思，最好约定下次打电话的时间或面谈的时间，避免在电话中占用的时间过长，令对方无法接听到其他电话。

拨打电话时一定要态度友善、语调温和、讲究礼貌，这样才有利于双方的沟通，切不可表现出丝毫的粗鲁和暴躁。同时，但凡讲到人名、地名、数字，或关键的词句，都要缓慢些、清楚些，最好重复一遍，以便对方正确理解你要表达的重要概念。谈话结束后，应该道一声谢后再说“再见”，不可贸然挂断电话，应待对方挂机后再挂断电话。

巧妙处理误打电话

打错电话或接到错误的电话，有时在所难免。如果是打电话时没有找到自己需要找的人，请先不要问对方的电话号码是多少，而应主动报自己拨的电话号码，向对方核实是不是这个号码。若是确实是错了，也不要马上把电话挂断，而是要向对方真诚地表示歉意后再挂上电话。

若是接到拨打错误的电话，也不要责怪对方，而应对对方表示歉意，婉转地指出打错了，例如：“您的电话可能打错了，非常抱歉，帮不了您。”

明晰请假的类别及期限

病假:因病无法坚持正常上班,可申请病假。请假期限根据实际病情确定。

事假:若确有急事需请事假,应事先提出申请并经过批准。

年假:职工累计工作已满1年不满10年的,年休假5天;已满10年不满20年的,年休假10天;已满20年的,年休假15天。

婚假:凭结婚证申请婚假。达到法定婚龄结婚,婚假3天。夫妻双方晚婚者(男25周岁、女23周岁以上)可延长婚假。晚婚的具体婚假时间现在一般依据的是各省或者直辖市的不同规定,所以要了解清楚。

产假:女职工分娩,可请产假。女职工产假为90天。若难产,产假增加15天。晚育的初产妇,延长产假30天;在产假期间申请领取独生子女父母光荣证的,延长产假30天,男方享受7~10天护理假。

探亲假:凡工作满一年的正式职工,与配偶不住在一起,或与父母都不住在一起,又不能在公休假日团聚,可以享受探亲假。《国务院关于职工探亲待遇的规定》第4条规定探亲假期分为以下几种:探望配偶,每年给予一方探亲假一次,30天;未婚员工探望父母,每年给假一次,20天,也可根据实际情况,2年给假一次,45天;已婚员工探望父母,每4年给假一次,20天。探亲假期是指职工与配偶、父、母团聚的时间,另外,根据实际需要给予路程假。上述假期均包括公休假日和法定节日在内。

丧假:工作人员的直系亲属(父母、岳父母、公公、婆婆、配偶或子女)死亡时,可以请丧假。

第❺章

★★★ 职场沟通：做个会说话会办事的人 ★★★

职场生活中，年轻人的口才和沟通能力一直是决定其事业优劣成败的重要因素。从年轻人的沟通能力，可以判定他每天的工作生活情况。一生成败于沟通能力的人很多，有才干兼有沟通能力的人，成功希望更大，因为其才干可以通过言语谈吐充分地表露出来，使同事和上司更深一层地了解他，这样才敢把重任托付与他。

刚走入工作岗位的年轻人，不管你从事的是哪类职业，都需要了解沟通的重要性，其主要表现是说话的艺术，语言的力量能征服世界上最复杂的东西——人的心灵。通过沟通，不熟识的同事可以熟识起来，上司可以更了解你，你才能因此走上自己心中的道路。

真诚表述，提高表达能力

人类是有感情的动物，我们在职场也难免受到感情影响。所以，在工作中，要表述我们的看法时，我们一定要选用带有感情的、真诚的表达方式。

你若是想触动一个人，让其认真看待你提出的观点，你就需要用你的真情打动对方，从而让你的观点能够保质保量地实现。

身为刚走入工作岗位的年轻人，我们一定要认识到语言表达能力是现代人才必备的基本素质之一。

在现代职场，随着经济的飞速发展，各种职业衔接日益频繁，语言表达能力的重要性也日益突显，好口才越来越被认为是优秀职业人士所应具有的必要素养。作为年轻人，我们不仅要思想、见解紧随时代步伐，还要能在别人面前很好地表达出来，能用自己的语言去感染、说服别人，让自己的想法得以实现。

不管你从事的是哪类职业，都需要了解口才的重要性：对外交类工作来说，口齿伶俐、能言善辩的重要性无须赘述；对推销类工作来说，口才是推销商品、招徕顾客的必杀技……在职场的日常交往中，具有口才天赋的年轻人往往能把平淡的话题、普通的要求陈述得非常吸引人，让上司、同事愿意采纳，而口才欠佳的人则无法实现这些改变。

所以，刚走入职场的年轻人应尽力培养出一种能力，让别人能够进入你的脑海，能够在上司面前、在同事当中、在客户之前清晰地把自己的思想和意念传递出来。

当你认识到语言表达的重要性，并能将自己的想法真诚而顺畅地表达出来后，你就会发现：你正在上司、同事、客户心目中形成一种前所未有的形象，产生前所未有的震撼，你的事业之路是如此开阔而前途广阔。

恰当表达自己的想法

如何恰当而真诚地表达自己的想法呢？这需要我们首先明白自己想表达的问题、内容是什么。最好在同对方展开谈论前能首先用言简意赅的话语阐述自己的核心思想，以引起对方重视。

其次，你要知道对方的想法，这其中包括对方包容的需求、控制的需求、感情的需求，也包括其想法是什么、你们彼此的想法是否有冲突、你要退让妥协的底线是什么……在谈话中，我们不但要考虑到对方的个性品质，也要考虑对方的需求，因为工作交往的基础是互补和双赢。

第三，我们要事先了解谈话对象的职位、性格、脾气如何，只有知己知彼、对症下药，才能说对话，让谈话取得满意的效果。

第四，思考自己的谈话方式，针对不同的人，我们应该选用不同的谈话方式，正所谓要“见人说人话，见鬼说鬼话”。八面玲珑的谈话方式，才能取得意想不到的成效。

最后，如果在谈话开始前就觉得对方将拒绝自己的要求，那么就不必进行这场谈话了。条条大路通罗马，认真思考下看有没有别的解决方法吧。

真诚表达自己想法的秘诀

牢记下面这些真诚表达自己想法的秘诀，相信能让你事半功倍地达成目的。

1. 谈话的焦点是你希望实现的结果。你所有组织的谈话内容、表达方式都要围绕着你想达成的目标进行。

2. 经常提及你想表达的核心内容。在谈话中，要经常提及你所想表达的核心内容，并用简洁的带有吸引力的方式提出来，让对方引起重视。

3. 抓紧时间。在职场上，时间就是金钱，所以谈话时也不要浪费太多的时间，要争取在有限的时间内说完所有想说的话。说话的内容要简洁、直击重点，让人一目了然。

4. 谈话内容层次分明。开始谈话便直接进入主题，不要环顾左右而言他，这样对方能比较直观地理解你所要表达的想法。

5. 调动对方的情绪。如果对方对你的话题不是特别感兴趣，就需要你改变方式，用更主动的情绪调动对方的兴趣。

6. 谈话要顺畅。谈话时，你要顺畅地表达你的想法，不要死记硬背，没有感情。

7. 直视对方的双眼。谈话中，你和对方的双眼间不要有东西阻隔，平和地望着对方，让其感受到你的真诚和用心。

8. 使用抑扬顿挫的音量、音高和音调。谈话中，可以不断改变你的语调，以增强其兴趣。当对方无法集中注意力，可适作停顿，以获取其注意力。

9. 谈话中，不忘微笑。

永远别妄想猜透上司的心思

作为刚走入职场的年轻人，不管你有幸找到了自己喜欢的工作，还是可惜地进入了并不如意的岗位，你都需要同上司建立良好的关系。只有与上司关系融洽，你才会获得更多升迁、加薪的机会，你的工作才会更加顺利。

想要得到上司的关注，我们就需要了解上司的心思，但别自作聪明地妄图猜透上司的心思。每个人都有自己的价值观，这些价值观不太能妥协，也不容易改变，它决定着我们的思想和行为准则。

比如，有的上司比较有时间观念，如果你迟到了，其对你的印象会大打折扣；有的上司看中办事效率，如果你做事情拖拖拉拉，也会影响他对你的看法；有的上司讲诚心，所以有什么困难不妨对其坦诚相告……

总之，要通过上司平时的行为和同事之间的讨论了解上司的价值观，并据此改善和调整自己的工作习惯。

仔细观察上司的情绪反应

平时工作时，要留心观察什么事会让上司高兴，什么事会让上司生气，什么事会让上司苦苦思考，什么事情会让上司压力重重。比如，同事告诉你上司晚上的工作效率高，上午时因为大脑消耗过多，心情容易烦躁，你就不要上午跑去汇报工作了，不妨把工作完成好之后，下午再去汇报，以免产生反效果。

经过仔细观察后，一旦能够掌握上司的情绪反应了，你就知道怎样才能避开阴云密布，缓解上司的心情，以免不慎让上司的情绪雪上加霜；并能据此采取更好的沟通方式让自己的想法得以实现。

沟通交流，构建友好人际关系

如果你是一个善于交流和沟通的职场新人，那么恭喜你，你会很容易融入集体的。主动而真诚善良地接近同事、上司，在该发言时发表意见，在该关心时显露关怀真情，看到这样的你，相信上司和其他同事都会非常乐意去接受你、了解你、熟悉你、认可你。这样不仅有利于你成长，也有利于你开展工作。

当然，团队精神也在这一次次磨合、理解、迁就中锻炼出来了。作为新人，你能有合作的意识，将会更受上司、同事欢迎。在工作中，赢得同事、老板、客户的理解和支持对做好工作至关重要。不过，由于竞争、误解等因素，有时你会遭到误解，甚至是排挤。这个时候一定要镇定、冷静，找机会弄明白缘由后再想办法修补、解决问题。

面对不友好的同事，你应该主动向其示好，说不定他们会因此消除对你的敌意。不过，要注意做事的分寸，在必要的时候保护和捍卫自己的利益，面对恶言恶语，你可以忍让，但必须有自己的底线。一味忍让的结果，只是让你成为他人心中懦弱的代名词。

了解上司喜欢的沟通方式

每个人喜欢的沟通方式都是不同的，上司也不例外，因此我们要了解上司喜欢的沟通方式。

如果上司讲话时语速快、呼吸急，并常用视觉词汇，如“看”等，就说明你的上司是视觉型的沟通者。其喜欢阅读，更中意书面数据类的直观表达方式，所以你向其汇报时不要光用口头表达，更要准备一份完整而细致的书面报告以备其事后阅读。同时，适当加快你的说话速度，以提升你的沟通效率，让其认为你是个办事效率高、雷厉风行的得力助手。

如果上司讲话时说话速度适中，语调温和，并常用听觉词汇，如“听”等，就说明你的上司是听觉型的沟通者。面对这样的上司，条理分明、用词恰当的口头表达是最佳的沟通方式，尤其是当你临场表现落落大方时，上司会马上对你刮目相看。

如果上司讲话时语速缓慢，呼吸深长，并常用感觉类词汇，如“感觉”“掌握”等，就说明你的上司是感觉型沟通者。面对这样的上司，你在谈话时候，要注意培养谈话的氛围，要把握谈话的尺度、说话的语调。让其感觉舒服，你的印象分就上去了。

同上司建立良好关系的秘诀

1. 事先了解上司喜欢关注的焦点。事先了解上司喜欢关注的焦点，并加以剖析，才能让你在谈话时对症下药，或提出合适的意见，以让其觉得你并非吹嘘拍马屁之人，而是对事物考虑周全严密的可造之才。

2. 提出观点前，先扪心自问这个想法能给上司带来什么意义、好处、改变，如果你的想法能符合上司的工作重点和发展方向，自然能得到他的关注和赏识。

3. 多做事情，少说话。在下保证之前，多做事情，少说话，不要耍嘴皮子功夫。同时，在向上司作出承诺时，不要随便夸夸其谈，将目标设得太高；相反，设定得稍微保守一点，一旦你最后完成的结果超越了目标，上司便会对你另眼相看，更加重视了。

4. 凡事不要只提及问题与难处。同上司沟通工作时，不要总提及问题和难处，每个上司都喜欢能解决问题的下属，而不是经常抱怨的部下。

5. 带着可能的解决方式求助上司。当遇到工作瓶颈时，请带着可能的解决方式求助上司，这既是在上司面前展示你解决问题的能力，又能让上司看到你有责任心、会思考的一面。

6. 及时询问反馈意见。处理完工作，及时向上司寻求反馈意见，当然，这个尺度和时间的把握就要因人而异了。

擦亮眼睛，善于察言观色

俗话常说："我又不是你肚子里的蛔虫，我怎么知道你在想什么。"其实，并非你不是上司肚子里的蛔虫，而是你没有擦亮眼睛、用心观察上司的举动，没有用心揣摩他举动背后的心理活动。要猜中上司的心思，就需要我们擦亮眼睛，善于察言观色，只要上司的脸色一有变化，就要见微知著地替其考虑，同时要马上思考自己接下来的谈话要改变哪些内容。

当然，作为涉世之初的年轻人，你不可能一走入工作岗位就对上司的表现异常敏感，难免要碰几次钉子。碰钉子不要紧，关键是不要老是重蹈覆辙，失败后，要学会积极反省领导的责罚或教训的内外因，并对其作出改善。只有这样不断累积，我们才能渐渐读懂上司的表情，让其认为你是一个精明果断的下属,从而更容易对你产生好感。

亲和力,有效沟通的力量

亲和力是职场年轻人必须具备的沟通态度,简单说来就是,个人的形体上具有一种力量,能让周围的人感觉你很和蔼。这是一种不受职位、权威等约束而真挚流露出的一种情感力量。

人际关系微妙的职场中,上下级、同事间及时沟通相当重要,如此才能使工作得以顺利完成。如果你给人感觉高高在上,缺少亲和力,则无法和同事及时沟通和交流,难以开展本职工作,甚至会流失掉许多发展机会。

良好的亲和力不但能帮你建立和谐的工作环境,润滑身边的人际关系,让你获得更多友情,感受到人与人之间的关爱和温暖,还能让你经常保持愉快的心情,储存更多的人际资源,勇于面对各种挑战,收获意想不到的前途和机会。

大学毕业后,明萌进入到一家公司的策划部。刚入职时,部长对他们几个新人说:“公司要作个全国促销方案的策划,时间是一周,董事长要亲自过目。大家都是年轻人,好好抓住这个机会。”冥思苦想之后,她决定在策划方案的数量上超过他人。在规定的时间里,她将四份文案交给了部长。几天后,部长转告她,董事长要她去他办公室。

“坐,小姑娘,我有个故事要讲给你听。”刚进房间,董事长便对明萌说,“‘森林之王’老虎一胎产下两个宝宝,所有的动物都来祝贺,唯有老鼠不以为然。因为它刚刚产下10只老鼠,觉得‘森林之王’不如它。猴子知道了它的心思,说:‘老鼠呀,10:2是客观存在,但你忘了,人家的品种比你好得多呀!’我的故事讲完了,你的四个策划案我看了,也看出你尽了100%的努力。但你忘了,当你把100%的努力投入到四个策划案中的时候,每个方案你只有25%的努力;而你把100%的努力投入到一个策划案的时候,你得到的是一个100%的策划案!数量只是一个标志,质量才是根本,我要的是精品,而不要庸作,哪怕你有很多。”

通过这样一番谈话,明萌既认识到了自己的问题,又觉得董事长和蔼可亲,于是,便更加用心地工作起来。两年后她成了公司的策划部主任,而她也经常对下属讲起董事长的故事。后来她由策划部调到经营部。这一年,公司董事会决定,由现任中层各自率领自己的团队开展为期一年的工作,自负盈亏。很快,公司将分管的城市名单分配下来,分到明萌手里的几个城市

全是偏远不发达地区，明摆着为难她。隔天，明萌向公司递交了辞职申请，董事长再次把她叫进了办公室。

“盘子里有 3 块西瓜，一块 300 克，另两块均 200 克，你要哪块？”“我要大的，要 300 克的。”她赌气地说。“好！那我要 200 克的，我们一起吃，我的相对小些，所以我先吃完，那么盘里剩下的应该给我吧。你刚才赌气要大的，想占便宜，但是结果呢？我吃小的吃了亏，但是我两块可是 400 克呀，比你要占便宜呀！同样，你并没有了解那些城市的本质，为什么就断定那里没有市场前景呢？表面的东西可以迷惑人，但是一个成功的商人不会被表面的大小好坏迷惑，市场是做出来的，不分大小好坏。这是你的辞职信，你可以选择重新递交或者收回。”

董事长又一次用他的亲和力感动了明萌，让她有勇气继续挑战自我。在明萌被破格提升为公司高级管理人员的当天，董事长在办公室给她讲了第三个故事：“在一个仓库里，几个人把一块手表掉了，大家竭力寻找，却怎么也找不到，后来……”她没想到董事长会讲这样一个老掉牙的故事，就插言道：“后来一个小孩趁这几个人休息的时候来到仓库，趴在地下，找到了那块手表，因为他用耳朵听到手表滴答滴答的声音。”“很好，看来你听过这个故事，但是你明白这个故事吗？”“当然知道，就是要我们学会倾听，倾听可以发现许多意想不到的事情！”“没错，但是你在倾听我说吗？姑娘，自信是成功商人的标志，但自信和自负是不同的。你现在是公司的高级管理人员，如果你不去倾听来自员工的话，你将和市场脱节，懂吗？”从此，这些故事一直提醒着她。董事长正是用自己的言传身教，教会了明萌亲和力的力量。

当然，想做一个有亲和力的职场新人，也要把握一定的尺度，万事不可做得太过，月盈则亏。在你努力保持亲和力时，也要坚守自己的原则，错误的事一定不要委屈自己去做。凡事切勿自轻自贱，跟同事、上司交往，总怕被别人笑话，总赔着小心，总说自己不如人，这样非但不能建立起你亲切的形象，反而会让人慢慢地远离你。

亲和力是一项职场沟通能力，不足或太过都会导致不良后果，而如何把握这个度，就需要我们在职场中慢慢摸索、锻炼，如此才能游刃有余，让亲和力成为自己有效沟通的法宝和成功的背后推手！

换位思考，阐述观点

如何与上司、同事交往是每个刚参加工作的年轻职员的必修课。其实，与每个人都能融洽、快乐地相处，并不是奢望，前提是你先学会换位思考，然后再阐述你的观念，只有将心比心、设身处地地站在对方的立场上体验和思考问题，才能与对方在情感上得到沟通，令彼此的关系更加和谐。

每个人都是造物主的独创，思维、观念自是各不相同。譬如，同是一朵鲜花摆在面前，有的人会生出"花谢花飞飞满天，红消香断有谁怜"的愁绪，有的人会生出"落红不是无情物，化作春泥更护花"的感动；同是一轮明月挂在夜空，有的人会思索"江畔何人初见月，江月何年初照人"，有的人会叹息"举头望明月，低头思故乡"。

年轻人有怎样的心态，就会有怎样的工作态度、人际关系、生活质量。当你学会换位思考后，就会在遇到问题时多站在他人的角度看待、思考、处理，才能更多地理解、宽容别人，更合理地提出自己的想法。你善待别人就会被别人善待，正所谓"来而不往，非礼也"，这既是一种良好的互动，也是处理人际关系的白金法则。

君君是刚入职的中学老师，这天她手捧一堆试卷，走进教室。她发完试卷，表扬了成绩前十名的同学后，就一一讲解起来。不知不觉，下课铃声响了，君君问学生们另一张试卷是周一发还是今天发。同学们统一说周一发。君君用平淡的语气说："你们也初三了，也该告诉你们复习计划了。"班级鸦雀无声。君君接着说完了复习计划，又对学生们说："如果按你们的计划，那么最后一张试卷就无法讲了。"班级里的"淘气包"小明说："今天累死了！周一再讲！"学生们各抒己见，滔滔不绝，说什么如果今天讲就会累死。君君觉得学生们一点也没有体会到她这个当老师的心情和辛苦。于是，她在讲台上恼羞成怒，生气地说："你们休息去吧！"就匆匆离去。

没想到，第二节课开始时，君君却是笑着走进了教室，学生们面面相觑，不知道将会发生什么状况。接着，君君继续笑着说："一想到你们……所以，这节课就让你们自由活动吧！"几个顽皮捣蛋的学生喜出望外。但君君立刻换了一种表情，对他们说："但要留时间给我来安排座位。""没问题！"学生们异口同声。

下班后，君君的一个学生打电话给她，"喂，陈老师吗？我是晓军。""晓军啊，找老师有什么事吗？""我感觉您第二节课有些奇怪。""我？老师很奇怪？怎么了？""您第一节课还很生气，第二节课就像换了个人似的。""哦，那是因为老师我换位思考了！""什么什么？换位思考？老师，我听不太懂。""换位思考就是站在别人的角度上来思考。当老师站在你们的角度上感受你们的生活时，发现你们真的很累，升学压力也很大。""哦，原来是这样！老师，您真的是个理解我们的好老师。我一定号召同学们好好学习，不辜负您的期望。”

听晓军说完最后一句话，君君会心地笑了，她发现：站在别人的角度上思考，果然会想得更全面一些。在工作和生活中，有很多人、很多关系是值得年轻人去珍惜、理解的，换位思考不仅是你工作中人际交往的一种艺术，也是你立身处世的一种态度，更是你人格素质的一种涵养。

或许不是每个人都能做到“海纳百川，有容乃大”，但若能用一颗换位思考之心去处理与身边同事的关系、每天的工作，就能多一分理解、多一种温暖、多一丝感动、多一层美好。

娜娜大学毕业后，在一家信息公司就职。工作几个月后，娜娜自认为自己在业务与资历方面都有了长足的进展，就不免飘飘然起来。这时娜娜被人事部调至一个新部门，部门里的一个老同事——美华，引起了她的注意。在娜娜眼里，美华就是她的对手，公司里多少个有胆、有识、有为的年轻人都在跟美华的较量中落马，其中还有名牌大学毕业的博士生。

所以当知道自己要和美华搭档时，极度自负的娜娜觉得有一种棋逢对手的感觉，大有和美华一决胜负的勇气。娜娜觉得自己占据着各方面的优势：年轻、博学、新潮、反应灵敏、懂电脑、懂英文，这些都是美华不具备的；更何况自己还对上能迎合领导，对下能活跃气氛，交友广阔，朋友遍天下……

谁料，在和美华相处的过程中，娜娜慢慢发现自己越来越不如她了，无论大小事，美华总能找到最佳的处理方式，完成得滴水不漏，更别提和同事的相处之道了。一次闲暇，娜娜问美华：“这些年你是如何事无巨细地处理部门、公司事务的，怎么会这么游刃有余，让人不得不心服口服？”美华微微一笑：“秘诀就是换位思考，将心比心，只有站在他人角度上思量，才能充分理解他人的想法、难处、出发点，这样你拿捏起来就更有分寸了，也更能适当地提出自己的想法。”

确实，太多的时候，我们都需要将心比心：如果是你，你会期待别人怎么对待；如果那事发生在你身上，你又期待别人怎样来理解你？把自己想要的答案付诸于需要你理解的人身上，那样的理解才会更贴切、真实、诚恳、友善。往往，这样的理解并不需要你要付出惊天地、泣鬼神的言行举止，仅仅一颗善解人意的心便已经足够。

换位思考，绝不是一句慷慨激昂的口号，也不是挥毫泼墨就能完整书写的笔画，更不是只停留在表层浅显意义上的词语；而是我们对付出的内涵和本质的感知，也是我们心灵的一种高贵语言，更是我们游刃职场的一种利器！

职场沟通，赞美取胜

刚走入职场的年轻人，每天的工作都离不开办公室，如果办公室的氛围沉闷死板，处处堆积着厚重的文件、充满了毫无尽头的公务，长此以往，你也会在不知不觉中失去热情；在这种情形之下，适当的赞美便能改善办公室的氛围，令你和同事们都有一个好心情。

赞美是我们发自内心地欣赏他人，然后用真诚的语言表达给对方的过程；赞美是我们对他人关爱的表现，是职场中一种良好的人际沟通，是同事之间相互关爱的体现。适当的职场赞美能使我们的情绪平静，享受到被关爱的感觉。

《武林外传》中就上演着这样的故事。为了鼓励新进职员郭芙蓉干活，同事们个个嘴上像抹了蜜一样。吕秀才说：“帮我把这双鞋洗了吧，顺便把鞋底儿重新纳一下。你是最棒的！”李大嘴说：“帮我把这苞米搓了，顺便磨成面。你行，你不是一般人。”连小贝抱来要洗的被子时还不忘赞美上几句：“谢谢你啊，全靠你了！”

在这样的赞美面前，大概不仅是郭芙蓉，我们任何人都只能束手就擒，奋力工作了。的确，赞美之词有种让人难以抗拒的魔力。其实，在职场上，赞美他人是件非常容易的事情——从“你今天气色不错”到“这个新发型很适合你”，或者“你的策划非常棒，对公司的发展很有帮助”，甚至是一句“你可以的，一定能做到”的鼓励，都会让对方感觉到被关注，无形中拉近你与同事、下属或客户之间的距离。

大学毕业。进入一家出国咨询公司做高级文案的梅梅，从事着文字翻译工作，她行事小心翼翼，态度谦和，很少有机会锻炼说话的能力。

工作了一段时间后，她跳槽到了一家新公司。刚到新公司第一个月，老板非常欣赏地对她说：“梅梅好样的，你已经是公司正式员工了。”听后，她开心不已，下班后还乐颠颠地继续干活。“梅梅，你的翻译文案写得真好，我做十几年都写不出你的水平。”梅梅觉得自己这段时间的辛苦确实没有白费，老板的赞赏是对她最大的认同。此后，梅梅一改曾经的慢条斯理，话变多了，她将自己的改变归功于老板的赞美，她说：“是老板的赞美令我的生活变得如此多姿多彩。”

真诚的赞扬如同职场中的和风絮语、令人愉快的催化剂，散发着难以想象的魔力。赞美是发自内心的、真诚的、自然而然的善意行为，不需要你绞尽脑汁、处心积虑，但你也应掌握一些其中的奥秘。

学会把赞美当作学习的机会，把其他同事的优点作为自己学习的榜样。同时，在实践中学会更自然地表达自己的赞美：对别人的看法、观念、做法等不可马上表示赞美，而应给自己一段思考的时间，以显示你的谨慎和认真，这样你的赞美会显得更有价值。适当的赞美可以在任何场合对任何人进行。其实赞美也是我们的一种情感投资，会为我们的事业带来转机。赞美的措辞要合适，赞美不光是说好话，而是说好听的话，只要语气得当，我们平常的问候也能成为赞美。问候、商量、关心、敬重的口吻同样是赞美。

常常有人采用平铺直叙的口吻赞美他人，这时其效果往往是有限的。如果能换种方式，尝试从否定到肯定的赞美方法，效果就完全不一样了：平铺直叙的赞美是“我像佩服别人一样佩服你”，而从否定到肯定的赞美则是“我很少佩服别人，你是例外”。看看，赞美的技巧是多么重要！

我们每个人都有自认为得意的事情，当我们同其他人谈论时，都非常希望得到他人的欣赏和佩服。因此，当你听到别人谈论其得意的事情时，应及时给予适当的赞美。比如，当某位同事谈到最近接到了一笔大生意时，你可以适时通过一句“你太了不起了，能接到这样一笔大单，我从来没见过这么大的单呢”来抒发自己的赞美之情。

一句恰到好处的赞美能重新激发人们工作的热情，听到赞美的话语时，人们就会觉得自身价值得到了肯定，自身的工作能力得到了认同，这样，才能产生一种不断前行的力量，更积极地工作。学会赞美日积月累，你的职场人际关系便会得到显著提高，而你周围的同事和上司也会因为你而变得更快乐，你的事业也会在这种欢声笑语的氛围中迅速发展开来！

快速应变，解决问题

在当代职场上，各种信息日新月异、更新换代频繁，每个人都要面对比过去更复杂的环境，而如何迅速地分析、处理、沟通这些情况，是年轻人把握时代脉搏、跟上时代潮流的关键。因此，应变力也是职场新人应当具有的基本能力之一。快速应变能使自己永远处于主动地位，驾驭事态发展，主动出击以实现既定目标。

与人打交道是身在职场的人每天必不可少的工作，应对沟通交往中突发状况的能力恰是应变力的体现。在谈话中，人们若是觉察到自己的语言错误，往往会因心理紧张而产生思维障碍，甚至无法继续讲下去。这时，应变力强的新人能立即针对自己的失误进行一番合乎情理的阐释，补救尴尬场面。

一次，兰兰出席同事的婚礼，主持人热情地邀请她作为嘉宾上台讲话，上台后，她即兴致辞说："今天，是职业中学的陈先生和经贸公司的叶小姐喜结良缘的好日子……也许有人以为我说错了，陈先生和叶小姐不是同在一个公司上班吗？是的，陈先生的确已经从商了，但一个月前，他还是职业中学的一名优秀青年教师。在我们的心目中，他永远是我们的好同事。我愿借此机会，代表职中全体教职工，向一对新人表示最真挚的祝福！"

显然，兰兰一时激动，把新郎现在的职业介绍错了。也许她从听众异样的表情上察觉了自己的口误，于是，稍稍停顿之后，她迅速应变过来，巧妙地进行了阐释。听了此番入情入理的阐述，谁还会责怪她语言上的小小失误呢？

兰兰这一化错为正的表白，不仅自圆其说，化解了自己的过失，而且增强了抒情的真切感，产生了独特的现场反应，这不得不说是她出色应变能力带来的效果。同样，身为新人教师的大维也应用他的应变能力因势利导，化课堂尴尬气氛为活跃。

刚入职的一次公开课上，大维在演示试验前讲道："当我们把燃烧着的金属钠放入装满氯气的集气瓶中时，将会看到剧烈燃烧并生成大量白烟。"然而在演示时集气瓶中出现的不是白烟而是黑烟。全班大惊，同学们吵吵闹闹地议论起来。大维很快意识到这是由于自己疏忽忘记清洁钠表面杂物而导致的结果。但他马上沉静了下来，并将计就计，继续把试验做下去。

大维问一位同学："你看到了什么？"学生不说，他鼓励说："要实事求是，看到什么说什么，这才是科学的态度。""大维老师，我没看到白烟，而是黑烟！"学生鼓着勇气回答。"你的观察很准确。"大维勉励着同学们，并进一步启发说，"这样看来，刚才燃烧的东西就不是金属纳了！可是，这的确是块金属纳。那么，刚才为何燃烧出黑烟呢？请同学们回忆一下金属钠的物理性质与贮存方法。"大维此话说完，同学们一下子活跃起来，纷纷抢着发言："金属钠性质活跃，不能裸露在空气中，而要贮存在煤油中。""对了！"大维怀着歉疚的心情对同学们说，"由于老师的疏忽，实验前没有将沾在金属钠上的煤油处理干净，结果发生了刚才的实验事故。为了揭示上述错误原因，老师不打算回头处理煤油，而是将沾有煤油的金属钠继续烧下去。请大家想想，烧的过程中，烟的颜色将发生什么变化？""黑烟之后将出现白烟。"同学们异口同声地说。

于是，大维重新点燃了金属钠，刚开始还冒着黑烟，不过放入集气瓶后逐渐变淡。大维将燃烧着的金属钠又移至另一个集气瓶中，燃烧变剧烈了，似乎听到了“嘶啪”的响声，集气瓶中的白烟不断翻滚！“同学们，你们的预言实现了！”大维向大家宣布。课堂上响起了热烈的掌声。

大维面对因自己疏忽而造成的课堂“异变”，沉着冷静，快速应变，收到了神奇的效果，充分展示出了应变之术的魅力。其实，职场本就充满着选择和被选择，选择工作对于年轻人来说是一个重大的决策。职业生涯又如战场，而战场上瞬息万变，未来充满着机遇和挑战，这就需要你及时应对，运筹帷幄，以达至“海阔凭鱼跃，天高任鸟飞”的理想境地。

在波澜壮阔的职场上，想要成为精英，你就要学会为自己作好职业生涯规划，插上腾飞的翅膀；在变幻莫测的职场中，聪明的新人们要学会作好你的职场应变计划，鼓足前进的风帆！相信从现在做起，你的计划终将变成现实，美梦终将会实现！

修炼情商，营造感染力

初入职场，与同事沟通在所难免。如果恰好你所从事的工作需要经常与同事沟通，那么你就更需要有较高的职场情商，因为职场情商具有感染力。职场情商体现在与同事沟通的方方面面，决定着你的工作心态和情绪。很多人用心工作，就是为了享受工作的乐趣、内心的满足；然而很多人却是工作做完了，生活过完了，仍然没有感受到快乐。其实最成功的成功就是快乐着成功，而不是如行尸走肉般为了寻找快乐而工作。

你应该对《武林外传》里郭芙蓉的这样一句台词记忆犹新吧：“世界如此美妙，我却如此暴躁，这样不好，不好。”这位客栈里的小杂役刚“入职”时，小姐脾气重、情商低，经常发脾气，使独门绝招“排山倒海”打伤他人，也因此受到了不少教训。在深刻自省后，她再想发脾气、想使“排山倒海”时就一边运气一边这样劝导自己。她正是用这种方法来控制自己的情绪以提高个人的职场情商。

其实《武林外传》中的同福客栈就是一个职场，郭芙蓉要和老板佟掌柜相处，要和跑堂、账房和厨子等同事相处，如果情商不高，感染不了其他人，就很难融入团队，体会不到集体的凝聚力，更无法增强自己的归属感，感受到工作的乐趣。程业仁是百威啤酒的中国区领导者，他正是运用情商的感染力，促进了整个团队的成功。

程业仁给人的第一印象，不像个热情洋溢、闯劲十足的创业先锋，而像文质彬彬、谦逊有礼的策略谋士。1994 年,刚刚接受了新职位的程业仁孤身一人从台湾来到上海,负责百威啤酒的业务拓展。他当时是 AB 集团的华东、华中区业务拓展经理,而百威作为该集团的旗舰品牌,初登中国市场,还毫无知名度,一切都得从零开始。

回头看程业仁的发展之路,用“相互成就”来形容他与百威品牌的关系恰如其分。百威在中国的成绩足以称霸啤酒业:外资啤酒品牌中销售额第一、年增长率 15% 以上。而程业仁的职业生涯也因此一帆风顺。他由中国区销售总监、中国区销售副总裁,一路提升到中国区董事总经理。曾经有调查说,领导者的情商将对企业的最终利润产生 20% 左右的影响。据此推算,程业仁的情商在这些年所创造的利润影响便是以亿元来衡量的。然而,他本人对这种说法并不以为然,他认为百威的业绩是由这个集体共同缔造的。

相较之高智商或专业对口,高情商的经理人更能带动团队的成长,促进公司绩效的增长,而这正得益于情商的感染力。几年前,程业仁也做过对员工大发脾气的事情,有时是在办公室里,也有时是在内部会议上毫不留情地批评员工。程业仁特别不喜欢那种会犯基本错误的员工,但他知道自己是“刀子嘴豆腐心”,并不会真的处罚员工。但后来他发现这样的做法会伤害员工的自尊心,而导致防卫心及抵触情绪的出现,进而造成一些组织上的问题。第一次让程业仁意识到这一点的,是公司的一次 360° 调查。这是让员工在没有压力的情况下给出诚实反馈的不记名调查方式。其中,有许多人反馈说,程业仁的批评太直接,容易挫伤别人。这之后,他开始注意尽量控制自己,不再轻易地发脾气,尽量委婉地提出建议或警告。此后,他所率领的团队工作氛围有了显著提高,业绩也跟着持续飘红。

在职场,情商的感染力非常强烈,并且能迅速而彻底地在整个组织中蔓延开来。像程业仁这样能够控制自己情绪、管理自己情绪的高情商者便能够用自己的行为创造出一种与员工相互信任、相互支持的和谐工作氛围,并借此提升整体的组织绩效。

职场情商的感染力常隐藏在与同事沟通接触的交流中,仿佛一股不易察觉的心灵暗流,通过彼此每次的接触互相交流、感染。这种感染力细微到几乎无法察觉,譬如说同样一句“麻烦了”,可能给你愤怒、被忽略、真正受欢迎、真诚感谢等不同的感受。

职场情商的感染力无所不在,因此,初入职场的你,应该学会在成功面前淡定地微笑,同时保持冷静的头脑继续和其他同事一起加油;在失败面前不急不躁,认真总结经验教训;在上司的批评面前不大肆取闹,等上司的怒气消散之后再向上司一一解释,真诚讲述自己的观念和立场。这样才能在职场上赢得更广泛的理解和尊重，凝聚足够的人气，使自己的事业顺风顺水地展开。

《《 眼睛也会撒谎，洞悉眼神 》》

有的刚入职的年轻人，总想表现出自己与众不同的一面，虽然很多事情自己都不懂，但就是不想问别人，以为通过眼睛观察就能明白。殊不知，眼睛也是会撒谎的。像莉莉就被眼睛骗了。

莉莉上班几个星期后，上司请她到办公室谈话。上司问她："你都入职几个星期了，怎么从不主动向我请示工作呢？"莉莉奇怪地反问："有工作您不会主动找我啊？我还一直在等您指派工作呢！"上司又问她："为什么天天迟到早退？"莉莉更惊讶了："公司上下班不是弹性时间吗？我看芳姐每天都来得晚走得早啊！"上司只得告诉她，芳姐因为处于哺乳期，每天有1个小时的"机动时间"。当上司的批评进行到一半时，莉莉质问道："既然公司有这么多规章制度，为什么我入职时您没有告诉我呢？"上司无可奈何地说："我一直等着你主动来问我，也眼神暗示过你很多次。不是所有公司都有相同的入职程序和工作方式。你若不懂，尽可大胆去问，没人会笑话你。你不懂却装懂，只会误事。而且做事也不主动，叫我怎么信任你呢？"莉莉说："您的眼神是暗示我找您啊，我还以为您是觉得我还不错呢。"

确实，一个会意的眼神，一次开诚布公的交谈，能使你与上司的关系获得出乎意料的进展；反之，则可能使上下级关系陷入麻烦，像莉莉就是接收错了旨意，而造成了误会重重。职场新人如果能懂上司的眼神，也就了解了领导的心理。基于心理学角度分析，上司在说话时，从上到下打量你，表明他占据优势地位，拥有支配的权力；上司友好、坦率地看着你，甚至还眨眨眼睛，表明他对你评价比较高或是想鼓励你；上司用锐利的眼光盯着你，意味着他不相信你；上司闭上眼睛或者看别处不看着你，有两种可能：他不想评价你，或是他感到疲惫或心烦。

作为刚走出校园的职场新人，你须在新环境中加强多角度、多场合的沟通，试着洞察上司的情绪反应，尽快读懂上司的心事，让其认可你。

规避语言忌讳，把握沟通法则

在现代职场中，你不可能独来独往，总需要与同事、上司在工作中合作、沟通，而语言口才作为这样一项基本技能，已被人们所共识。我们常会看到，有时候一句话可以化干戈为玉帛，也可以让同事变成仇人，可以功败垂成，更可以改变人生。可见，语言与我们的工作密切相关。情商高，懂得说话技巧的人，到处都会受人欢迎，工作也会顺风顺水。

语言不仅能起到传递工作信息的作用，还能让许多素不相识的人成为我们的同事、客户、朋友；能为同事们排忧解难，消除疑虑和误会；能安抚同事们烦闷的心情，让他们充满激情地面对工作；能鼓励同事们悲观的情绪，让他们微笑着满怀信心地迎接新工作；还能体现你身在职场的修养、知识、魅力等。所以，身在职场，我们应当掌握能说会道的方法和技巧。

会说话做最棒新人

会说话是职场新人要学习的一门学问和处世艺术；会说话是你睿智的体现、成功的能力和良好生活态度的展示。当今职场竞争日益激烈，一个新人除了要拥有参与竞争、迎接挑战、立足社会所必备的知识和技能之外，得体的说话技巧、优秀的口才无疑会助你占据一个有利于发展的制高点，可以为你的职场之路保驾护航，成为你迈向成功的砝码，助你和同事们良好相处，拥有精彩的职场生活！

会说话的作用是全方位的。生活中，它能帮你开启与人谈天说地、交流感情、拉近距离的阀门，从而发展天长地久的友谊，赢得忠贞不渝的爱情；当你与他人关系出现瑕疵时，它是修复伤痕、治愈心灵的疗伤神药。工作中，它更能为你撑起协调你和上司与同事关系的风帆，凝聚团体协作力，实现公司的良性运转，焕发蓬勃向上的活力。

是否会说话一直是决定职场新人事业优劣成败的重要因素。口才好，说话流利会被人赏识，既有才干又兼备口才的职场新人成功的希望更大，因为你的才干完全可以通过言语谈吐充分地表露出来，使上司、同事能更深入地了解你，重视你，把重任托付于你。

会说话的职场新人颇有一种不可思议的力量，能缓解周围的紧张气氛，为人送上丝丝轻松。会说话的职场新人，能流利表达出自己的意图，把观念阐述得有条有理，一丝不乱，使别人心悦诚服地接受。同时，还能在对话中探知对方的意图，增加彼此的了解以建立良好的友谊。会说话的职场新人，总能很愉快地成就很多事情，使周遭人不知不觉折服于其能力之下。会说话的职场新人懂得"到什么山唱什么歌，见什么人说什么话"；会说话的职场新人说出来的话动之以情、晓之以理，使人如沐春风；会说话的职场新人能抓住机遇、逢凶化吉、转危为安；会说话的职场新人能左右逢源、如鱼得水、处处顺行畅通无阻。

身在职场，无论你要实现哪种目标，都无可避免地要与同事交往、沟通和相处。因此，成为会说话的人是你能力的体现，也是生活中最基本、最重要的头等大事。会说话助你跨越人生和事业成功的第一道壕沟，能灵活运用各类说话技巧，便拥有了打开职场成功之门的金钥匙！

恭维的话常在嘴边

在职场共事，一般的新人往往容易注意他人的缺点而忽略其本来具有的优点及长处。因此，发现别人的优点并给予恰当的恭维，就成为新人们一定要掌握的职场常识之一。无论你恭维的对象是上司、同事，还是下属、客户，没有人会因为你的恭维而动气发怒，对方一定会心存喜悦而对你好感倍增。

要知道，恰当恭维是仁慈、宽厚的使者，它能让你的内心充满活力。恰当恭维如同照耀在茫茫职场之上的红日、百花丛中的绚丽光芒，是你建立良好人际关系的润滑剂！

当然，恭维奉承他人并不是我们工作的全部，而是我们建立良好人际关系、使本职工作得以顺利完成、目的得以如愿实现的一种方法和手段。如果让周围的人厌烦你，不愿意听你说话，那这样的恭维对自己便毫无益处可言了。所以，恭维并不是不分场合地乱拍马屁，恰如其分的恭维是职场人士应该掌握的一项处世技巧。

雷明作为新人，却在年末公司的评选中得到了表现杰出青年奖，让所有新人都非常羡慕，事后纷纷向其咨询如何能快速得到公司上下的认可。雷明微笑地告之了奥妙所在。他表示：所谓的学习专业并非关键因素，本身的职位也并不是那么重要，自己之所以能评为杰出青年，是因为自己在踏实工作的同时，还会适时地说出恭维话。

在工作中,雷明有一个习惯——适时地称赞同事。如果对同事所处理的事情有不同意见,则会私下同其沟通,看能否达成共识,如何取得最佳效果。这让上司、同事们都非常喜欢他,既欣赏他认真而全面考虑的工作态度,又欣赏他周到而真诚的做人风格。

看吧,这便是恰当恭维的力量。恰当的恭维必须是真诚的,这也是恭维的先决条件。只有名副其实、发自内心的恰当恭维,才能显示出它的光辉、它的魅力、它的力量。

恭维的恰当程度直接影响着恭维的效果。点到为止的恭维才是真正的恭维。使用过多的华丽辞藻、过度的堆砌、空洞的吹捧,只会使对方感到不舒服、不自在,甚至难受、肉麻、厌恶,其结果只能是适得其反。

王娟的一位同事喜欢唱歌,一天,王娟对他说:“你唱歌真是全世界最动听的。”结果,那位同事以为她是在嘲讽,反而使得他们的关系恶化了。

也许王娟并没有恶意,但是恭维的方式不对,若王娟换个说法:“你的歌唱得真不错,挺有韵味的。”她的同事一定很高兴,说不定会情不自禁一展歌喉向她献上一曲呢!所以恭维之言一定要掌握度,否则,一旦过头变成吹捧,恭维者非但不会收获交际成功的微笑,反而被置于尴尬地位,这便是所谓的过犹不及。

恰当恭维还是新人之间深交的敲门砖。因为每个人都爱听恭维话,只要你说得恰如其分,听者一定十分高兴,并对你产生好感。有句谚语说:“一滴蜜比一桶毒药所捉住的苍蝇还多。”对人同样如是,欲得到他人的友情,先要使他人相信你是一个真诚的朋友,如同一滴蜜吸住了他们的心,这才是通往彼此心灵的桥梁。还有句俗语叫“见人短寿,见货添钱”。前者恭维他人年轻,后者恭维他人精明。恰当的职场恭维要着重赞扬其风度魅力:对女同事,胖的可说“丰满”、瘦的可说“清秀”、身材好的可说“苗条”、多言好动的可说“活泼开朗”、沉默寡言的可说“文静庄重”等;对男同事,高大的可说“魁梧”、瘦小的可说“精悍”、讲究仪容的可称“帅”、比较随便可以说“潇洒”、性格优柔可说“稳重”、容易冲动的可说“果断”、不善言辞的可说“不露声色”等。只要是合乎情理的恰当恭维,都能使你与同事之间缩短距离,融洽关系,增添感情。

此外,恰当的恭维还要把握时效性。在职场中与人周旋,掌握时机、恰到好处地恭维是十分重要的。如果你发现对方有值得恭维的地方,就要善于及时大胆地恭维,千万不要错过机会。当然,在他人成功之时,适时送上一句恭维,如同锦上添花,其价值可抵万金,这时,人的心情本就格外舒畅,如果再听到一句真诚的恭维,其欣喜之情不言而喻!

恭维的方式多种多样，不管以怎样的方式来表达，只要是真诚的就够了。恭维无须用量来评价，只须用质来衡量，恰如其分的恭维不需要很多，一点便足以拉近距离！

说话有术，掌握分寸

在职场打拼，有成有败，有得有失，而其中成败得失的关键在于对说话分寸的掌握。说话有分寸要求你在人际交往中对语言、表情、动作等都要把握一定的度，力求谦恭有礼，得体自然，潇洒大方，同时注意说话的时机和方式。任何夸夸其谈或是词不达意的话语，都会影响相互间的交流。

你在与同事的交际中要注意说话的分寸，尽量做到言语真诚、委婉，该说则说，不该说则保持缄默，说话的程度及尺度应根据对象和交际目标而定。我国的一句古话叫作"说者无心，听者有意"，有时候明明只是无心的一句话，却伤害到了他人。如此，轻则引起对方的反感，重则为自己引来灾祸。因此，当你在和同事打交道时，需要谨言慎行，注意拿捏自己说话的分寸。

在说话时你要记住：在任何地方和场合都要注重说话的分寸，有时候沉默也是掷地有声的话语。无论你是在探讨学问、接洽生意抑或是交际应酬、娱乐消遣，每一句从你口中说出来的话语，都要做到既有分寸又得体。即使你现在未必能够达到这样至高的境界，也应朝着这个目标去努力。

其实，职场新人们掌握说话的分寸并不难，牢记孔子所说的"言未及之而言谓之躁，言及之而不言谓之隐，未见颜色而言谓之瞽"即可。"言未及之而言谓之躁"意思即为话还没说到那儿你就开始说话了，这正是所谓的毛躁，反映了性格的急躁，这一点在你的言谈中必须避免。当公共话题在进行时，你一定要徐徐道来，这才是合适的、恰当的、最有分寸的。如果随便插话，则剥夺了其他同事说话的权利，所以"言未及之"是非常没有分寸、不可取的。

"言及之而不言谓之隐"意思为谈话已经该由你接着进行时，你却吞吞吐吐、遮遮掩掩、意犹未尽，不能继续进行。这样会让同事觉得你心存隔膜或有芥蒂。相反，如果你不卑不亢而有分寸地接下去，并运用优雅的肢体语言，活泼俏皮的幽默，再加上自己的自信和恰当的语言艺术，这不仅能帮助你更有分寸地拿捏话题，而且给人以聪明、能干的印象。

"未见颜色而言谓之瞽"，"瞽"释为瞎子。即指说话不会看他人脸色。你看看别人希望说什么，你能不能够说出来最合适、最有分寸的话，还需要自己有心理准备，你必须要做一个了解对方的人。其实朋友之间永远是有尊敬有顾忌的，不仅是朋友，还包括亲人，夫妻、父子之间都应有所顾忌。每个人都有他生命中的荣耀与伤痛，真正的说话艺术是不断地放大他的自豪，而不去触及他的伤口。这就需要把握谈话的分寸，也需要你有眼色，知道他喜欢什么，不喜欢什么。这不同于投其所好和拍马屁，而是你是否能给朋友一个宽容友好的氛围，与其继续沟通下去。

凡事纸上谈兵是行不通的，还需要在实践中历练、积累。这就需要你生活在分寸间，把寻求“度”、把握“分寸”，当成是职场研究的项目之一。

说话有理，逻辑为上

每个职场新人都希望自己在与同事的交往中能谈笑风生。每当你看到谈笑自如的同事时，常常会情不自禁地流露出羡慕的眼神。其实，想要成为一个口若悬河的谈话高手、气氛营造高手并不难，说话有条理，注重逻辑思维是其中的根本所在。

如果你说话有条理，说出的话自有妙趣横生的魅力，这对你的工作和社交帮助极大。如果在社交场合中能将你的想法行云流水般顺畅而恰到好处地表达出来，那将提升你富有吸引力的素养。

说话有条理就是要你根据交谈的中心内容所涉及的话题安排好先后顺序，力求达至“众理虽繁，而无倒置之乖；群言虽多，而无棼丝之乱”。在交谈中说话毫无逻辑，前后矛盾，语无伦次，词不达意是无法继续进行的。世间万物错综复杂，各种关系盘根错节、层出不穷。如果你想把话说得有条不紊、头头是道，那么就必须考虑说话内容的先后顺序。要明白先说什么，再说什么，最后说什么，并在大脑里谨慎思考一番才能脱口而出。一般说来，事情有发生、发展和结束的过程，而其中的各个不同阶段又有时间和空间的差异。说话时，或沿着事情发展的先后顺序从一而终，或按空间位置的转换交替逐个说明，如此说话才能滴水不漏、杂而不乱。有时为了加强表达效果也可以变更说话条理及顺序，这基于你思维清晰，明白自己所要陈述的重点，并能合理地利用各事物之间的不同顺序体现出不同的侧重点。

如何才能成为一个说话有条理的人呢？首先你要具有敏锐的观察力，能深刻地认识事物，只有这样，说出话来才能一针见血，并准确无误地道出事物的本质；其次，思维能力一定要严密而有逻辑，懂得怎样分析、判断和推理，如此才能把话说得有理可循、有条不紊；最后，还要具备流畅的表达能力，知识渊博、谈资范围广，如此才能把话说得生动有趣。

说话有寸，留足余地

我国有句俗话如是说："说话做事留一线，今后好见面。"即不要把事情做绝，不要把话说得不留余地，正所谓凡事留三分，一路有人跟。这就好像你走在一条狭窄的独木桥上，倘若你不给别人留一定的余地，那被挤下水的有可能就是你。你与同事说话也是如此，要留一定的空间让别人，没有空间，你自己便失去了回旋的余地，没有回旋的余地，你的思维就会被缚住，甚至令你一事无成。说话留余地是为了让你自己说话更有分寸，也更利于营造办公室和谐的氛围。

说话要善于留余地，你就要学会总揽全局，从大处着眼、小处着手，在细节上要做到精益求精、尽善尽美，拥有"忍一时风平浪静，让三分海阔天空"的风度和气量。说话善留余地的同时，还要做到尺度适宜，留多了，是一种浪费；留少了，则回旋不开，正如弓拉满了容易断一样，容易给人"气盛""挑战""蔑视"之类的感觉。因为把话说得不留余地而给自己造成窘境的例子，在现实中比比皆是。这样做的结果，就如水杯里装满了水，再也不能滴进一滴水，否则就会溢出来一样；亦如把气球充满了气，再充下去就会爆炸一样。

由此看来，现实生活中，无论你是多么强大、在校园时多么风光，都应该学会与同事说话时留余地。否则，即使你当时得到了很多，但被你伤害的人又岂会善罢甘休。长此以往，势必会使自己在工作中困难重重。

这世间万事复杂多变，任何人都不能凭着自己的主观臆断来判定事情的最终结果。对于每个人的人生来说，更是浮沉不定，难以自料。说话讲求留有余地，不把话说满、把人逼上绝路正是如此，因为凡事总有意外，留有余地，就是为了容纳这些意外，以免你自己将来下不了台。

即使与同事交恶，也不要口出恶言，更不要说出"势不两立"之类过激的话，不管谁对谁错，说话都最好留有余地，以便他日共同处理事务时还有个说话的"面子"。职场新人说话多给他人留余地，其实并不仅仅是为对方考虑、对对方有益，更是为自己考虑、对自己有益，是项双赢的高招。

有道是："十年河东，十年河西。"在突飞猛进的当今时代，人际关系的发展根本不用"十年"便实现了此消彼长的变化，人们相互间更是"低头不见抬头见"。你如果把话说得太满，将来一旦发生了不利于自己的变化，就难有回旋的余地了。

说话有机，营造氛围

身处职场，会说话不仅是讲究技巧，也要讲究说话的时机。原本正确的话如果不注意技巧，不把握时机，不但起不到应有的效果，甚至还会带来负面作用。说话的时机也是职场年轻人要学习的一门必修课，学问深了，自然受益匪浅；学得不好，就会处处碰壁，做不成好职员，成不了大事业。

所谓的把握时机最基本的就是要知道什么话该说，什么话不该讲，在什么场合说什么话，对什么人说什么话。这看似简单，其中的奥妙却不少，做起来也不容易。很多人也都在这方面吃了不少亏，最终懊悔不已。《陋室铭》中有云："山不在高，有仙则名；水不在深，有龙则灵。"职场新人说话也要如此：话不在多，点到为止；话不在好，把握时机为佳！

概括地说，你说话在行的关键即为看准对方的目的以投其所好，并掌握时机的变化以及注重对细小方面的观察。这全靠你在实践中去领会和发挥。如果你要赞美他人过去的成就或行为，就另当别论了。赞美这种既成的事实与交情的深浅没有关系，对方也容易接受，这就是说，倘若不是直接称赞对方，而是称赞与对方有关的事情，这种谈话在初次见面时比较有效。要找准时机赞美别人是件很不容易的事，若是不得法，反而会遭到排斥。为了让他人坦然说出心里话，你必须尽早发现对方引以为豪的地方，然后对此大加赞美。如没找准最佳时机，最好先不要胡乱称赞，以免自讨没趣。许多职场新人常犯的毛病就是在不适当的场合中把自己所拥有的一切话题全部谈完，等到需要他再开口时，早已无话可说了。这种现象，应该引起大家的重视。

一个拥有高明说话技巧的职场新人，应该具备能够很快发现同事们所感兴趣的话题的能力，同时能够说得适时适地，恰到好处，即他能把同事们想要听的事情，在他们想要听的时间之内，以适当的方式说出来，这才是一种无人能及的天赋和才能。这种能掌握优越时机感的职场新人，一定能和同事们和谐相处，并成为办公室良好氛围的营造者。

尊重上司的尊严

老板或上司作为公司的领导，有一定的权威和尊严。所以，在和老板或上司说话时要注意维护他们的尊严，如此才能更好地与之沟通，并有助于树立自己的良好形象。

佩佩最近对自己的上司很不满意，心中满怀牢骚。原来是别的部门要从佩佩所在的部门调走一个人，佩佩很想换到这个部门尝试一下，而且那个部门所做的工作正好是佩佩的专长。于是当上司向大伙征询意见时，佩佩马上就主动向上司表示自己愿意过去。但是上司根本没有考虑她的想法，反而让别人去了。

佩佩为什么没有能够如愿以偿呢？仔细想来，正是她的沟通方式让她事与愿违。身为下属，如此迫不及待地直接向上司要求调去其他部门，上司心里会作何感想，自然会感到很没面子，“我对你有这么不好吗？你就这么不愿意待在我领导的部门吗？”如此一来，他也不会顺顺利利地让佩佩去了。即使换个上司，估计也不会让佩佩就这么容易地去其他部门工作。

如果佩佩能掌握语言分寸、时机、技巧，换个方式，找个他人不在场的时间与上级好好交流，谈谈心，认真地向他表示：我很不愿意离开您，很想继续跟着您学知识。但我觉得自己比较适合这个部门的工作，如果您让我过去试试、锻炼一下自己的能力，我一定很感谢您对我的栽培。相信这样一番诚挚的话语，一定会打动上司的心，令他很乐意让佩佩过去。如此，既不会伤和气，佩佩也能如愿以偿，皆大欢喜，这不是令人满意的结局吗？

把握分寸才能无限沟通

在工作中，同事是与你相处时间最长的。和同事的关系处理得好，将十分有利于我们的工作，反之，则会成为一种障碍。所以，在和同事交流的时候，更应该注意说话的技巧。与同事沟通，要讲究说话的分寸：话太少，大家会认为你不合群、不善交往；话太多，容易让别人反感、误解，认为你爱耍嘴皮子。所以说话尤其要注意掌握分寸。

美庭对待工作踏实肯干，总是能够又快又好地完成老板交待的工作。所以老板很器重她，常放心地将一些复杂的工作交给她去做。更让美庭自豪的是，只要她一从老板办公室出来，同事们就对她很亲热，聚在她周围问长问短。为了和大伙打成一片，美庭就把公司的一些事儿告诉了他们。慢慢地，美庭发现同事老在背后议论她，说：“一个连老板都敢出卖的人，什么都说的人，估计不是什么好人！”听到这种评价，美庭心寒极了，欲哭无泪。

其实美庭犯了一个和同事交往的大忌——把老板的事泄露出去。常言道“祸从口出”，所以，在和同事交往时一定要把好口风，该说的说，不该说的不说，说话之前一定要考虑清楚，谨慎而行，才能和同事们和谐相处。

办公室别聊是非

与同事沟通，还要切忌背后说人是非。背后说话，就会有闲言碎语。经常在背后说是非，肯定无法成为受欢迎的人。因为凡是有点头脑的同事，都会这么想：这次你在我面前说别人的坏话，下次你就有可能在别人面前说我的坏话。这样一来，他们对你的印象就很难好起来了。

所以，别聊私人问题，也别议论公司里的是非短长。你以为议论别人没关系，但实际上，用不了几个来回就能绕到你自己头上，引火烧身，那时再逃跑就显得被动了。

闲聊勿涉及私事

爱说话、性子直爽的人，还要注意不要随便向同事倾吐心事。虽然吐露想法是富有人情味的交谈，也许能使你们之间的关系变得友善，但没有人能够保证严守秘密。所以，当你发生事业危机和感情变故等时，最好不要到处诉苦，切不可把同事的“友善”和“友谊”混为一谈，以免给人造成麻烦不断的印象，而成为大家关注的焦点。

不谈私事，不代表你不坦率，坦率是要分人和分事的，从来就没有不分原则的坦率，什么该说什么不该说，心里必须有谱。就算你刚刚买了新房或利用假期去欧洲玩了一趟，也没必要拿到办公室去炫耀。有些快乐，分享的圈子越小越好。被人嫉妒的滋味并不好，因为容易招人算计。无论露富还是哭穷，在办公室里都显得做作，容易招人口舌。

无论你是在热恋中还是失恋了，都别把情绪带到工作中来，更别把故事带进来。办公室里与同事闲聊，说起来只图痛快，不看对象，事后往往懊悔不迭。说出口的话，再也收不回来了，后悔也无济于事。

把同事当知己，什么都聊的害处很多，职场是竞技场，每位同事都可能成为你的对手，即便是合作很好的搭档，也有可能突然变脸，其知道你的事越多，你越容易被攻击。比如，你曾告诉她你的恋人和别人好了，或许她这时心里想的是：“恋人都看不住，情绪肯定不稳定，工作肯定容易出差错。”

身在职场，风云变幻，即使你不害人，也不得不防人，不在办公室聊私事，其实是非常明智的一招，是竞争压力下的自我保护。“己所不欲，勿施于人”，如果你不先开口打听别人的私事，自己的秘密也不易被打听。

办公室沟通勿争论

若你爱好并擅长辩论，凡事喜欢争论，一定要胜过别人才肯罢休，那建议你最好在办公室外发挥你的“嘴皮神功”。不然，即使你逞了一时口头之快，占了上风，也影响了你和同事之间的关系，说不定对方会因此怀恨在心，而时刻想着还以“颜色”，让你难以顺利发展。

忌公开抱怨上司

工作中，难免出现你同上司意见相左的时候，这种情况或是沟通不够，或是理解存在偏差，或者是立场不同，但无论如何不可以公开抱怨上司，这绝对是你一辈子都要遵循的职场黄金法则。

如果你公开抱怨上司，同事便会认为你要么缺乏理智、不成熟，要么不善于为人处世，要么过于情绪化，总之，会在他们心中留下不好的印象，更有可能，你的言行会传到上司的耳朵里，可想而知，这样一来，你的工作必然不顺利。

管理好邮件

在当今提倡无纸化办公的职场，邮件已逐渐成为最主要的沟通工具，所以我们要管理好自己的邮件。首先要按照日常工作的需要在邮件管理器中建立不同的目录；其次养成阅读完邮件就处理完，一时无法处理的就标记起来的习惯，防止遗漏邮件、造成工作失误；再次在重要的邮件前加注标记，以备日后查找的需要；最后要养成定期清理邮箱的习惯，把有用的信息复制出来，没用的及时删除，以免占用空间。这当中，最重要的是处理好你自己的私人邮件，涉及敏感内容的邮件不要用公司邮箱发送。

第❻章

职场心态：如何更加积极地调动自己

★★★ ★★★

年轻人拥有好的心态，就是赋予心灵健康和营养的灵药，这样的心灵能帮助你成功、快乐和健康。刚踏入职场的年轻人，要想拥有良好心态，就应该把你的心放在你所想要的东西上，使你的心远离你不想要的东西。要知道，职场上每日的风云变幻，你都无法预知。职场不可能静如止水、不可能总是顺风顺水，人们总会遭遇失败和挫折、经历厄运和灾祸，你一定不要因自己的心态不好而沦为失败者。

成功是由那些抱有积极心态的年轻人所取得的，并由那些以积极心态、努力不懈的年轻人所保持，所以请调整好自己的心态，时刻提醒自己、鼓励自己，点燃自己的心灯，为自己喝彩，为未来加油！

自省,培养好心态的开端

对涉世之初的职场新人来说,反省是一种自我学习能力,反省的过程就是学习的过程,也是为前进铺路的过程。曾子曰:"吾日三省吾身。"世界上没有一个人十全十美,更找不到没犯过错的人。如果你能够不断地自我反省,并努力寻求解决问题的方法,从中悟到失败的教训,继而再尽力作出纠正,就可以在反省中避免同样的错误,完成自我的蜕变、成长和前进。

法国牧师兰塞姆的墓志铭上说:"假如时光可以倒流,世界上将有一半的人可以成为伟人。"你可以将此理解为,"如果每个人都能把反省提前几十年,便有50%的人可能让自己成为一个了不起的人。"可见,反省有多么重要。

身在职场,每日的风云变幻无法预知,所以我们要随时反省。孔子说:"观过而知仁。"意即为在看见人家犯错或者发现自己有过失时,便需要反省,提醒自己不犯同样的错误,这样才能学到东西,不断进步,不会后悔。同时,反省也能时刻提醒自己,一时的喝彩、暂时的掌声,容易使人忘了最终的目标,丧失斗志,只有反省才能点燃自己的心灯,照亮前行的人生道路。

大学毕业后,美睿进入一家非常普通的公司工作。公司安排美睿从基层做起,其他和美睿一起入职的年轻同事都在抱怨:"为什么让我们做这些无聊的工作?做这种平凡的工作会有什么希望呢?"

面对此情此景,美睿却什么都没说,她每天都认认真真地去做每一件领导交给的工作,还帮助其他员工去做一些最基础、最累的工作。由于美睿的态度端正,做事情往往更快更好。更难能可贵的是,美睿是个非常有心的人,她对自己的工作有一个详细的记录,做什么事情出现问题,她都记录下来;然后,她很虚心地去请教老员工,由于她的态度和人缘都很好,大家也非常乐于教她。

经过一年的磨炼,美睿掌握了基层的全部工作要领,很快,她就升职了,而与她一起进来的其他员工,却还在基层抱怨着。后来,在年终的公司表彰大会上,美睿被评为公司的杰出青年,在致答谢词时,美睿说:"之所以能站在这个位置上发言,与我平时善于反省有莫大的关系,当我们抱怨这些那些的时候,不如把手头的工作做好;当我们觉得周围环境糟糕时,不如反省是不是自己的心态有问题,这样。我们才能尽快适应职场,尽快成长!"

的确如此,时常反省自己的一言一行、一思一想,才能让自己快点进步,才能为自己的未来铺平道路！唯有反省，你才能发现自己的错误；唯有反省，你才能看到自己的缺点；唯有反省，你才能认清自己的灵魂；唯有反省，你才能品味到无穷无尽的包容；唯有反省；你才能体会到丰富多彩的成长历程；唯有反省，你才能感受到真心实意的情感乐园；唯有反省，你才能大步前行，终究脱颖而出！

你会反省自己吗

你会反省自己吗？我们不妨看看职场新人应从哪些方面反省自己。

想必，每一个同事都对他人背后的算计相当痛恨，而这也是职场中最卑鄙的行为之一。

算计同事所带来的后果，轻则被同事所唾弃，重则失去饭碗，甚至身败名裂。因为公司老板是绝不允许自己的下属互相倾轧的，他希望每个人都发挥自己的长处、友好合作，为企业带来更多的利益，而互相排斥、分帮派只会使企业受损失。同样，同事们也讨厌那些喜欢搬弄是非、使阴招的人，每个人都希望在和谐的氛围中工作，不喜欢为钩心斗角而分神。

若你经常把工作中的竞争对手当成"仇人""冤家"，想尽一切办法去搞垮对方，那你就要反省一下自己了，这是对自己职业生涯非常不利的心态。

同事对你而言不仅是伙伴，也是竞争对手，所以，恰当地接受和拒绝非常重要。如果你只会拒绝，同事们自然无法接受你；如果你只会妥协，也会容易遭人欺负而影响前途。因此，在工作中要注意坚持自己的原则，注意保持中立，避免是非，尤其是不能被卷入拉帮结伙、危害公司等事件中去。

尊重同事隐私是职场交往的黄金法则。如果你发现自己对同事的隐私发生浓厚的兴趣，就要好好反省了。

没完没了地窥探同事的隐私会被人认为你是个胸无大志、喜欢搬弄是非的人。所以，如果你发现自己喜欢关注这类问题，就要从心态上反省自己了。除了要学会尊重同事以外，也要在交往中学会保持恰当的距离，注意不要随便侵入他人的"禁区"，也要注意保护自己的"领地"。

若是你在工作中经常受到一些不愉快事情的影响，使自己情绪不稳，甚至影响工作，就要好好反省一下了，因为这可是大忌。

看到自己不喜欢的东西或事情就明显地表现出来，只会造成同事对你的反感。每个人都有自己的好恶，对于自己不喜欢的人或事，要尽量学会包容或保持中立。这种情况下，最好是保持沉默，因为，你若经常评论同事，同样会招致同事的厌恶，会在无意间给自己树立敌人，影响自己未来的发展。

在你的私人空间里有自己的同事吗？如果没有，就要反省一下自己与同事交往的心态了。虽然不能事事都跟同事说，但也要有几个能谈心的同事朋友，如此可以加深对彼此的了解，促进工作的愉快合作，共同分享取得的成绩或生活中的喜怒哀乐。

和同事交朋友，能让你尽快融入社会，有助于你构建和谐的职场人际关系，对未来的工作、生活产生有利的促进作用。

和同事交朋友是值得提倡的，但最好不要牵涉到金钱。虽然，可能平时会在一起聚会游玩，发生金钱往来的情况很多，但最好要实行 AA 制。与同事划清金钱界限是必要的，就算因为紧急状况向同事借钱也无可厚非，但记得要尽快归还。因为经常借钱的话同事会认为你是个没有计划的人，会对你的为人处世产生不信任。

记得不要轻易欠同事钱，并把这一点作为一个原则，随时反省自己的心态和行为。

学会适应，酝酿好心态

在我们的职业生涯中需要适应的问题无时不在。职场不可能静如止水、波澜不惊，总会发生各种变故；职场不可能总是顺风顺水、一马平川，总会遭遇失败和挫折；职场不可能总是舒畅悠扬、无忧无虑，总会经历厄运和灾祸。当横生变故时，当遭遇失败和挫折时，当经历厄运和灾祸时，涉世之初的职场新人应对的关键便是：适者生存。

适应职场的年轻人是勇敢的挑战者，他们敢于接受一切。当客观现实发生变化时，他们敢于走出昨天，直面现实，接受变化。因为他们明白职场由不得自己、时光由不得自己，要工作下去，灵活处事，就必须接受职场中种种令自己难以接受的变化。接受和适应现实，就是在心理上认同，情感上容纳；接受和适应职场，就是走出“怀旧”情结，消除负面心态，重整旗鼓，面向未来。

对年轻人来说，职场是变幻无常的，损失中隐藏着赢利，黑暗中孕育着光明，灾难中隐藏着商机。职场新人的每一次适应，都是对自己的严峻考验和挑战，甚至是一种撕心裂肺的整合和脱胎换骨的磨砺。适应职场是年轻人对自身各种不足的无情开火，是对自己意志、性格、能力、水平的综合检阅。适应的过程就是一个挑战自我、战胜自我、超越自我的过程。

适应职场对年轻人而言，是一种无畏的选择、奋力的拼搏、艰难的洗礼。适应是你职业生涯中别无选择的课题，处世之道，勇于适应者方能生存。是否懂得和善于适应，正是检验职场新人才智、勇气的试金石。懂得和善于适应的年轻人，往往能步步为营，无往不胜，无论是为人还是处事，都能节节胜利。善于适应的年轻人并不是为了选择生活环境而去强求自己的转变，而是为适应生活环境而去获取生存的机遇。

有一颗宽容的心

试着让自己拥有一颗宽容的心，让心绪变得平和，使自己能理解别人，这样无论成败你都是英雄。

职场的紧张压力本来就使人容易变得猜忌、乖戾、郁闷、暴躁，这时的你与其花费时间去贬低他人、急着跳出来表现自己，不如冷静下来想想怎样编织更为和谐的人际关系和圆满地完成每一件任务。

如果能做到做事得体、待人有礼，把自己修炼成一个高尚亲切有品位的优雅职场人士，那么你一定会争取到那张对自己更为有利的牌，一定能得到升迁。

如何建立良好的职业心态

相信每个人心中都有一个舒适区域，那是自我的乐土，不愿意被打扰、被人指责、按照规定做事、去思考别人还有什么没有想到……在工作中，你要极力改变这一现状，不能停留在这片乐土太久，否则，你会很快变得消极地听取领导的话语，消极地待命，简单地完成上司交给的事情，但从来不关心此事以外的任何事情，更不会想到多做一步，让接下来的同事很难上手，以至渐渐变成没有人理睬的对象。

所以,年轻人在走出校园的同时就要在工作上把校园中的“随意性”赶走,尽早地冲出自己心灵上的舒适区域,并作好迎接工作的准备。

适当减压,保持乐观

职场如战场,身在其中,不可能事事顺心,如想闯出自己的一片天下,压力注定如影随形。面对职场压力,或许你适应能力强,因此游刃有余,能毫不费力地将其摆脱,甚至能收放自如地利用它,成就更优秀的自己;或许你无从下手,举步维艰,拼命挣扎也逃脱不了压力的漩涡,进而身陷其中,令自己不堪重负。透支自己的精力应对压力,远非明智之举;只有适当减压,保持乐观,调节好自己的心情,才能走出压力的重重迷雾,和上司、同事们和谐相处。

适当调节心情,保持乐观,减少职场压力的第一步便是找出产生压力的原因。职场压力产生的因素是多方面的,有客观的,也有主观的。其中客观因素主要有:竞争激烈、工作任务过重、工作难度较大、预期的目标长期不能实现、事业前景不好、公司内人际关系紧张、工作要求与自身预设不匹配、工作环境不利于工作的顺利开展等。而主观因素则包括有:对自身年龄的担忧、无法应付过重的职业压力、意志力弱等。

职场之大,压力在所难免。而每个人的精力都是有限的,当面对自身无法负荷的压力时,诚实地向上司坦白,并主动寻求上司的协助,不失为一个调节压力的好方法。王明正是这样来调节压力,让自己每天都有好心情工作的。

刚入职的王明,每天都会提前十多分钟来到办公室擦桌扫地,这天,他边忙边想:已经月底了,今天无论如何要把这个月的业绩汇总弄出来,不能让老板催促。随着同事们陆续到了,王明也开始做汇总表。老板推门进来对王明说:“你现在忙不忙?”王明犹豫了一下说:“不算忙。”老板说:“那好,你把前10个月的客户投资分析情况弄出来,中午前给我,顺便通知大家,下午1点半开会。”王明边答应着,边把刚开了个头的汇总表收起来开始做投资情况分析,折腾了几个小时,总算把分析写出来,交到老板那里。

完成后,王明一看时间,快11点了,便赶紧给大家打电话,通知下午开会的事宜。电话还没打完,老板就拿着他的情况分析说:“这太简单,好好改改。”王明下完通知,刚要修改投资情况分析,同事又叫他去吃午饭。无奈之下,他只好说:“你给我捎点来吧!”同事问他:“你怎么整天忙个不停啊?”王明没好气地说:“老板安排的,我能不干吗?”

下午一上班,他修改完的情况分析合格了,紧跟着就是开会。老板说:“公司申请市级文明单位的材料王明你写吧,你写得还行,怎么样?”当着大家的面,王明只好迎头接下,说:“好的。”开完会,已快下班了,看着别的同事有说有笑地下班,王明却要加班,想到手头工作如山一样压着他,他顿时觉得心烦意乱。

隔天,他终于鼓足勇气向老板倾诉了自己的烦恼,希望老板能适量地为他减轻工作压力。老板在认真思考之后,将他的工作分派给了其他同事,这样,他才能有一点时间和同事沟通沟通工作和生活,才能工作得更加开心。

面对职场压力,新人们不应该把所有压力都承担下来,而是应该理智地请示上司有些工作是否可以分解一下。如果你一味硬撑,那么上司可能会认为你很能干,而给你布置更多的工作,让你喘不过气来,那样你就完全没有时间和同事们联络感情了。

在充满竞争的职场中,出类拔萃之人比比皆是。这时,订立适合的职业规划目标就显得尤为重要,而这亦是适当减少压力的重要方法之一。刘胜的减压之道正是源于此。

刘胜研究生毕业后,应聘到一家刚成立不久的外贸公司。他豪情万丈,准备在此干一番事业。

不久,刘胜所在的小组通过洽谈,接到了一笔为数不小的订单,在总结会上,老板表扬了好几位老同事,唯独没有提刘胜。刘胜很不服气,他想:如果不是自己用流利的英语帮着打通众多关键环节,对方怎么会那么痛快地签协议?可看到客户总喜欢找业务员老李联系业务,又感到压力不小,于是他暗自下了“一定争第一”的决心。经过一番深思熟虑,刘胜主动提出去开发公司一直不景气的欧洲市场,并拒绝了经理给他派人手帮忙。但由于他一心想发展大客户,不把中小客户放在眼里,结果几个月过去了,他的业务一直没什么起色。后来,经理派了老李协助他工作,在老李的加盟下,他们在年底前完成了十几笔业务,欧洲市场逐步红火起来。他们也因此在年终得到老板的嘉奖。虽然,刘胜拿到了可观的红包,但他不仅不高兴,还满心失望。在后来日复一日的工作中,刘胜经常觉得现实离自己的期望遥遥无期,因此觉得心理压力十分大。

在一次偶然和一位学长聊到这些时,学长劝他不要给自己设立太大的职业规划目标,而是应该设立容易实现的步骤,这样一步步前行,既不会增加心理压力,又能看到自己的成长。在学长的指点下,刘胜调整了自己的心态,渐渐又找到了工作的激情。

在强手如林的职场，如果你暂时无法保证自己成为最优秀的，那就在工作不出现差错的情况下，使自己成为中等人才，如此循序渐进，才能不断促使自己成长。如果一开始就设立过高的目标，那反而不利于自己成长。

人在职场本应尽情享受工作的乐趣、同事的友情，如果你不会调节压力，自己为难自己，那就会忽视生活的本质，使自己垂头丧气、信心全无。如此，如何感受人生的快乐，如何与同事沟通有无呢？

适当为自己减压，保持乐观的心态，学会在职场中笑看云起云落，静观花开花败，荣辱不惊，去留无意，多一些乐观，少一些烦恼，才能让自己轻松地工作、生活！

快速成长，多做一些

走出象牙塔，踏上工作岗位的第一天，职场新人们可能既感到兴奋、期待、好奇，又感到紧张、迷茫、忐忑。那么，职场新人如何才能快速成长、华丽转身，实现自身的全面成长呢？

曾经一个部门主管评价刚来的新人时说："我今年招了两个刚出校门的年轻人，其中一个名校毕业的年轻人做事非常聪明，但喜欢夸夸其谈，虽然较引人注意，但工作一段时间下来，我发现他不踏实，只完成本职工作，别的事情一繁琐就懒得做，很快我就淘汰他了。而另外的一个虽然毕业的学校不起眼，人看起来也没有前一个聪明，但做事非常勤奋，除了完成本职工作外，还常常协助别的同事做事，而且做事很认真，能很快学到东西，结果我最终录用了他。"

正如这位主管说的，职场新人勤快点总是有好处的，要知道，为同事、上司跑跑腿处理一些杂务也是你分内的工作，最忌讳的是眼高手低又懒惰。很多新人会对办公室的琐事不屑一顾，认为自己寒窗苦读十数载，出社会是要干大事的。殊不知，一些小事常常能反映出你的责任心，体现出职业素质。对于一些别人都推脱不干的事，如果你能主动要求接过来做，就会比较容易融入同事圈，得到上司或者同事的赏识。

事实上，做每一件事情，都是向上司或同事展示自己学识或能力的机会；只有做好每一件事，才能取得上司和同事们的好感与信任。所以，你除了要踏实地完成本职工作外，还要多做一些，别放过任何一个和上司、同事处好关系的机会。

谦虚好学，别自作主张

作为一个刚走出校园的职场新人，面对新的职业环境，不管你觉得自己本事多大，多有能耐和抱负，也要谦虚好学，因为“天外有天，人外有人”。

虽说初生牛犊不怕虎，但在职场上，还是“多干活少说话”吧，即使你迫不及待地想把自己的创新想法说出来，也要静待时机，切莫自作主张，因为在实际工作中，业绩才是最好的竞争武器，如果你想得到大家的认可，不妨低调地用行动来实现你的想法，这样往往比说出来更有效。

不少上司都认为，谦虚、诚信的品质比实际技术更加重要，因为校园里学的专业知识毕竟是纸上谈兵，缺乏实用性，一般都要到职场中经过实战演练，职场新人才能真正熟悉专业技术。如此一来，职场菜鸟们最基本的人品和修养就成了上司最关注的东西，所以谦虚好学、诚实守信等中华民族的传统美德不能丢。

如何保持良好心态

或许有的新人会说：为什么他的工作做得比我少，拿的工资却比我高？甚至会产生心理落差，影响工作。其实这种心态是最没必要的，因为根本就没有什么可比性。你要想一下，你做的是什么工作，他做的是什么工作，工作内容、性质是否完全一致，你是拿什么标准来衡量他的工作做得比你少的，又用什么样的标准来衡量他的工资比你高。

想明白了这些问题，你就释然了。相信，只要你工作积极，上司一定不会亏待你的。

在工作中，大多数任务都是无法独立完成的。同时，在工作配合的过程中，难免会产生矛盾，影响工作进度。这时，你要保持良好的心态，只要不违背原则，能多做一点事情并不是坏事，多做一些工作就多了一些工作经验，这对你尽快渡过新人阶段是百利而无一害，也会让上司尽快认识你。

工作中出现错误非常正常，如果出错的是自己，就不要在错误上徘徊太

久，找出错误的原因，继续努力即可；如果出错的是同事，也不要把同事的错误挂在嘴边，应该给予相应的安慰，并尽快想好补救措施。

心态要平稳、安定，不要总觉得别人比自己好，不要总在仰望和羡慕着别人的幸福，干好自己的工作才是最重要的。

每天清早起床后，就应保持良好的心态，为工作作好准备。拥有良好心态，才会感到精力充沛；相反，消极的心态只会让你觉得做什么都不顺畅。

良好积极的心态，能令你认为跌倒是一次崭新和学习的机会；消极的心态，只会让你认为跌倒是“行衰运”。只有积极的心态才可以令你保持高昂的斗志，而消极心态只会令你终日怨声载道。保持良好职场心态，可以令你在挫折中找到自己的优点，发现自己的优势或有待改进的地方，进而发挥出身上蕴藏的无法估计的能力。

有利于保持良好心态的想法

“虽然金钱不是万能的，但没有钱是万万不能的。”这句话是绝对的真理，所以年轻时应该把事业放在第一位，为将来的好生活创造资本。

不要经常埋怨自己现在工资低、银行存款少、看不到前途……如此年轻的你，现在要做的就是尽力学习，锤炼自己，而不是把钱看得太重。

学会谅解父母，别嫌他们唠叨，经常给父母打个电话，要知道，儿行千里母担忧，在父母还健康的时候，多问候、谅解一下他们。

朋友对你一生都影响重大，不要去结识太多酒肉好友。如果你遇到一个品性好、能时刻辅助你的人，一定要好好把握，和他成为朋友，这将是你一生的财富。

你心中要有爱，但请别相信琼瑶小说里面的山盟海誓，世上本无永恒，你要做的就是该出手时就出手，该撒手时别迟疑。年轻时，对待爱情要尽力而为，不留遗憾就可以。若把爱情当成唯一，只会成为爱情的奴隶，最终耽误一生。

所谓玩物而丧志，网络游戏是你在出校门之前玩的，进入职场，你现在的任务是好好工作，不要将过剩的时光和精神浪费在网络游戏上，否则，将来后悔就来不及了。一个人有兴趣很正常，但一切都要量力而行、适可而止。

不要因为一时的挫折就灰心，年轻人要时刻保持积极向上的态度，失败了，再重新来过；失去了，再争取别的；错过了，下次再来……千万不要害怕失败，要相信一切都会过去的，不要消极，要相信自己能行。

人人都会有偶像，但崇拜偶像也要保持你自身的个性，不要刻意去模拟一个人，因为你就是你，是唯一的、独一无二的存在。当然，要自信，却不要自负，也不要全盘否认一个人，每个人都有自己的价值观，不能用你的价值观来衡量他人。对每个人，你都要学会尊重。

从现在开始，做一个正派、有责任感的人，要有责任心，无论是对工作还是生活。有责任心的人，能让他人有安全感，觉得你值得信任、托付，值得委以重任。

不要为本身的长相身高而担忧，一个心肠仁慈、为人正派的人远比那些空有俊秀相貌、挺拔身材但内心肮脏的人要好得多。如果有人以貌取人，请不要太在意，因为你不用为一个低级趣味的人的轻视而难过。

不要认为现在抽烟喝酒、熬夜通宵也没什么事，那是因为你的身体正处于你一生的黄金时段。30 岁以后你就能理解力不从心这个词的意义了。身体是革命的本钱，没有好的身体什么也做不了，所以要尽量让自身过有规律的健康生涯，不要随便伤害自己的身体。

刚入职场、社会的你现在还没有资历谈胜利，一开始太固定的职业并不一定是好事。或许，在不断的改行当中，你会学到更丰盛的知识，而且可以发掘出自身的潜能，找到最合适你的工作，从此宏图大展。

无论你现在的工作多么没意思是、不能发挥你的才能，也请你认真对待，要知道，任何成功人士都是从最小的事做起的。或许你现在学不到多么了不起的知识，但起码你要学会良好的工作态度和工作方式，这对你未来的发展至关重要。

不要羡慕那些花花公子、美人，逢场作戏的恋爱只会让你浪费时间、精力，一个人最痛苦的不是找不到爱人，而是心中没有了爱。当你把“我爱你”三个字变成你的口头禅时，那么你在爱情的世界里已经很难找到真正的幸福了。爱情没有所谓的公平和理由，总有一个人比对方付出得多，即使没有成果，也别感到不值，因为你的付出不光是为了对方，也是为了你自身的爱，为爱付出是很宝贵且令人敬佩的。

在内心深处，哪怕只是一个很小的角落里，请留一份童心。拥有童心，不是幼稚，也不是不成熟，而是保留一点单纯，让你不那么计较，让你的职业生涯和生活更快乐一些。

用好心情营造良好的职业心态

在工作和生活中，你要随时保持好心情，这样，你才能有良好的职业心态，那么如何营造好心情呢？

人生的道路总是充满崎岖和坎坷，难免有挫折和失误，也少不了烦恼和苦闷，所以，遭遇挫折时，不妨学会转移情绪。

追求美好的未来是人的天性，也是人类生存和社会进步的动力，时刻憧憬未来，能让你拥有一个好心情。

心情不快却闷着不说会闷出病来，有了苦闷应学会向人倾诉，找好朋友聊聊天，释放自己的不快，或许心情就舒畅了。

兴趣是保护良好的心理状态的重要条件。人的兴趣越广泛，适应能力就越强，心理压力就越小。

人与人之间总免不了有这样或那样的矛盾，同事、朋友之间也难免有争吵、有纠葛。只要不是大的原则问题，就要尽量与人为善，宽大为怀，记得人的好，忘记人的坏。

在人生的图画中，或是荆棘丛生，或是铺满鲜花，或是忧心如焚，或是其乐融融……对此应进行精心的筛选和勾勒，不要让那些悲哀、凄凉、恐惧、忧虑、彷徨的心情困扰我们，影响我们的工作。

刚开始工作时别把名利看得太重，在你一生的职业规划中，也别为了名利迷失自己。

有好的身体，才会有好的心情，病怏怏的人一定无法全情投入工作。

饮食结构合理，摄取的营养才会均衡，你才能拥有好身体和好精神。

生活习惯一定要健康，尽量避免熬夜和酗酒、抽烟，健康的生活习惯能为你营造良好的身体素质，让你工作起来劲头十足。

别以为自己了不起

有些新人，刚刚进入职场就开始抱怨，觉得上司对自己重视不够，很多方面没有达到自己要求。同时，又觉得自己在大学时是天之骄子，各方面条件都不错，于是，在薪酬、工作环境等方面要求过高。

这种以为自己了不起的心态是非常不可取的，会成为自己和工作单位之间难以跨越的鸿沟。作为职场新人，在强调上司应满足自己的要求时，你首先要考虑你对公司付出了多少，为公司赢得了多少利益，你的付出与你得到的是否成正比。

认真审视过自己之后，才能提出合理的要求，更游刃有余地适应职场的变化。

展现自己要有度

虽然能力被认为是在职场大展拳脚的关键之一，但新人展现能力也要有“度”。有些初涉职场的年轻人，往往会急于展现自己的才能和实力，为了尽快得到上司的认可而表现得过于张狂。如此，只会适得其反，招同事厌烦，甚至会成为他人的眼中钉，影响职业生涯的发展。因此，明智的适应方法是大智若愚、保持低调，以赢得好感与信任，让上司、同事认可你大气的风度。

学会沟通，善于发现美

沟通，是妥善处理职场人际关系的基石。职场中的沟通，首先要主动友善地接近身边同事，向他们展示自己诚实友善的面貌，使其更快熟悉和了解你，帮助你尽快适应工作，融入团队。此外，良好的沟通能力也可以让你明确工作责任，在遇到困惑和不解时，能得到有效的帮助，有利于工作的开展和完成从学生到社会人的过渡。

要善于发现周围好的一面：公司的亮点、上司的杰出、同事的闪光点。别着眼于一些负面的地方。所谓“人无完人”，每个公司、每个人都不是完美的，你要尝试以一颗宽容的心看待事物，接纳身边的人和事，学会以宽己之心宽人、克人之心克己，善于发现别人的优点，并从中学习，令自己尽快适应职场。

培养忍耐力，做事要有耐性

职场新人不要自视太高，一进公司就想飞黄腾达，缺乏从基层干起的耐性。所谓小事之中见精神，大事之中见能力，只有“大处着眼、小处着手”，一丝不苟地做好每件小事，才能为以后做大事积累资源。所以你要学会培养忍耐力，做事要有耐性，能从基层做起，并从各种各样的小事中总结出适应未来发展的经验和能力。

脚踏实地走好每一步

在职场拼搏中，放弃容易坚持难，如果遇到困难就想到放弃，那么你永远只能停留在原点，不断地重复开始；而脚踏实地、坚持不懈地往前走，即使是原有基础上的一点进步，也会成为通往成功的铺路砖。

涉世之初，不管做什么事情都需要脚踏实地地坚持走好每一步。坚持到最后，才能排除万难，勇往直前。“坚持就是胜利！”这句名言每个人都知道，而真正能从心底里体会其深意，并走向成功的却是少数。当你开始为前途拼搏时，就应该把目光放长远一些，因为你还年轻，要学会运用抽象思维看到路的终点。当我们确定选择了这条路、这一职业时，就应该坚持去挑战每一道难关，脚踏实地地攻克每一个碉堡，即使疲惫不堪、想放弃、想逃避，也要鼓励自己坚持下去。

孟子说：天将降大任于斯人也，必先苦其心志，劳其筋骨。试问：不能忍受磨炼，不坚持，不能脚踏实地地工作，这种状态下，有几人能成功呢？正如河蚌忍受了沙粒的磨砺，坚持不懈，才孕育出绝美的珍珠；正如铁剑忍受了烈火的赤炼，坚持不懈，才炼就锋利的宝剑。在艰辛的职场拼搏之路上，一切豪言与壮语难免成为虚幻，唯有脚踏实地才是走向成功的基石，而年轻的你只要坚持脚踏实地地走好每一步，就没有什么不可以！

成为办公室的开心果

笑颜如花，是对人笑容的形容，的确，世上任何花都比不上人的笑颜。虽然不是每一个人都有着漂亮、帅气的容貌，但是每个人每天都可以有一颗快乐的心和一张充满笑意的脸。

当今快节奏的职场生活，让年轻人背负了比以往更多的责任、负担，外界的压力常会导致许多职场新人习惯把自己的心囚禁在一个狭小的天地里，于是烦恼、苦闷、忧郁便随之而来，工作效率也渐渐低下，甚至感觉整个办公室都处于低气压中。其实，明智的职场新人应该知道要开心地工作，并努力成为办公室的开心果，这样，才能工作得轻松、随意、自我，每天用好心情战胜一切烦恼。

王锐是公司新招聘的一批职员之一。新入职的他，本着初生牛犊不畏虎的精神，似乎什么都懂，什么话都敢插话，给本来死气沉沉的办公室带来了生气。尤其是在午饭时间，整个办公室只听到王锐叽叽喳喳，引得大家笑声一片。

一天，电视中正在播“百家讲坛”，讲的是《苏轼》，同事们很喜欢看这类节目，大家边看边议论。王锐见状，走过来插话了：“苏轼！我知道，他又叫苏东坡。”同一办公室的另一个同事听见了，来劲了，冲着王锐笑道：“又来了,你肚子里的东西倒蛮多嘛。那我考考你,‘三苏’是说哪三个人?”

只听王锐马上脱口而出:“爸爸叫苏联,儿子叫苏东坡,女儿叫苏格兰。”同事们顿时面面相觑,大笑不止。待大家稍微缓过神,笑着批评王锐说:“苏家都跑到英国去了。”王锐毫不犹豫地说:“这你们就不知道了呀,苏格兰就是大名鼎鼎的苏小妹。”

同事们再也忍不住,哄堂大笑起来,被王锐的语言彻底“雷”倒了,也就是从那天起,同事们对王锐有了新的认识,什么工作都喜欢和王锐一起做。因为同事们都从内心里喜欢他,哪怕工作再紧张,只要身边有他这个“开心果”在,就能快乐地完成了。

其实快乐不只是一种感觉,还是一种年轻人对人生的态度。王锐尝试着用这样一种心态对待工作和生活,就像一缕春风滋润着每位同事的心,让每个同事都非常开心,能不招同事们喜欢吗?

不要害怕犯错

涉世之初的职场年轻人不要怕失败,最多也就是从头再来。在工作中,不怕失败就是最大的本钱,因为不惧怕,所以输得起。想想看,你为事业打拼,最坏的结局也不过就是一切再从零开始,再重新创立属于自己的事业。

当然,不怕失败并不意味着莽撞和盲目,刚参加工作时要树立明确的、适合自己的工作目标。你在工作的任何阶段都会遇到各种各样的困难,遭遇不同的境况,而此时,要做的就是不抱怨、不放弃、不怕失败,努力想用怎样的方法才能恰当地解决问题,继续在事业征途上顽强前行。

走入社会、踏入职场就意味着要尝遍人生的酸甜苦辣;意味着要坚定不移地树立自己的信念;意味着要有不动摇、不怕失败的胆识,用过人的毅力燃烧载满希望的征途。

这条成功之路到底有多长,有多苦,你看不到,只有走一步算一步。但对于自己的选择,一定要坚持到最后,有坚定的心才能不怕失败,即使跌倒了,一切要重新开始,也能勇敢地向前走。

应对职场失败的能力有多少

真实回答下面10个问题,回答“是”的得2分,回答“否”的得0分。

1. 你的同事/老板每次升职、转岗、离职你都有预感吗?

2. 如果你现在的岗位明天突然消失了,你能胜任公司内其他岗位吗?

3. 你对公司宣布的重大政策通常有预见吗?

4. 如果你所在的公司突然被收购了,而你必须离开,你在两个月内能找到新工作吗?

5. 你对公司所在行业的发展趋势是否相当了解?

6. 如果你的老板突然调走,目前没有新的安排,你有把握胜任这个空缺吗?

7. 你能正确地自我理解公司各种重大决策或政策的意图吗?

8. 如果下属或同事突然离职,公司不再增加人手,你有办法保证工作不受影响吗?

9. 你很清楚公司主要竞争对手的重大人事变动吗?

10. 如果你现在的岗位被拿出来在公司内公开竞聘上岗,你有信心重回岗位吗?

答案:将1、3、5、7、9得分求和得出敏锐度分数A;将2、4、6、8、10得分求和得出应变力分数B。

如果A>5,B>5,恭喜你,成长对于你来说基本取决于行动。

如果A>5,B<5,你属于干着急型,能看到很多变化,但没有足够的应变能力。

如果A<5,B>5,你应变力不错,但敏锐度不足,所以无法实现主动成长;但生存没有问题,因为你适应力强。

如果A<5,B<5,你随时都会有职业危机,因此,你必须行动起来了。

坚韧不拔,成为职场的无敌战士

人生在世,不可能事事顺心,尤其是对刚踏入社会的年轻人而言,但只要你有坚韧不拔的心态作支撑,便能拥有更良好的精神状态,继而改变自己的职场命运。

成功时,我们不能因过度喜悦而醉倒;失败时,我们亦不能灰心丧气、怨天尤人。面对"山重水复疑无路"的困境,唯有坚韧不拔,持之以恒,才能有信心去克服一切困难,觅到"柳暗花明又一村"的美景。职场新人想改变自己的命运,重塑自己的心态,就要坚韧不拔,毫不妥协地向着心中的目标前行，这样，才能所向披靡，掀开崭新的未来，成为职场的无敌战士！

职场菜鸟学习“林无敌”心态

曾经热播的电视剧《丑女无敌》讲的是：一个刚踏入社会的年轻女孩叫林无敌，她长得并不漂亮，但学历很高。曾经去十几家公司应聘，可都被以各种理由拒绝了。功夫不负有心人，终于有一天，她得到了一份工作，同时也很珍惜这个机会。

无敌给同事们的第一印象简直是难以接受，但是和无敌相处得越久，同事们就越能发觉无敌内在的魅力。在以后的工作中，无敌也遇到了很多的挫折，但她常常鼓励自己：要坚韧不拔，不能放弃。渐渐地，她变得非常有自信，工作效率也很高，能力强，而且品质高尚。很快，她得到了上司的器重和同事的认可。

这个电视剧告诉职场新人们：首先，要做一个品质高尚的人；其次，要不辞辛苦、好好工作；再次，要有良好的修养，胸怀宽阔，懂得谦让和包容；最后，要坚韧不拔，不怕困难和挑战，要有越挫越勇的执着动力和踏实沉稳、遇事不惊的良好心态。这样才能征服上司和同事，完美蜕变成职场的无敌战士。

信誉是行走职场的通行证

作为刚踏入职场的年轻人，信誉是你行走于世的最基础的保障和无形的通行证。诚然，我们每个人都想成为富翁，但要实现这一愿望，首先必须要守住信誉，因为金钱的多少是可以衡量的，如有损失也是能挽回的；但信誉是无价的，是多少钱也买不到的，如有损失则很难挽回了。

信誉对每个年轻人来说都是一张测试人品高下的试纸，守住信誉既是我们涉世之初的立身之本，又是为人处世的生存之道，更是助我们走向职场巅峰的法宝。在通往成功的路程中，我们难免会有所损失和牺牲，但一定不能失去信誉，记住，守住信誉是一笔永远不会赔本的买卖，最终能让我们抵达事业的巅峰。对我们年轻人来说，守住了信誉就守住了财富大门。

信誉是属于我们每个人的，在信誉面前，我们不需要用任何虚华的语言、浮华的装饰。守住信誉是每个人都应该做的事情，尤其是涉世之初的职场新人，把握住信誉，才能把握好你人生的每一步。若是你拥有良好的信誉，即使在你跌至人生最低谷的时候，即使你损失到毫无分文，也仍然会有很多同事、朋友向你伸来援助之手，让你能东山再起。总而言之，守住信誉，能让你受益终身，也是你行走职场的通行证！

有条有理是成事的好心态

凡是在职场上取得非凡成绩的人，他们的办事效率都相当出色，因为他们清楚任何工作都有主次之分、都有轻重缓急，如果不分主次地做事，就会浪费时间。他们能够利用有限的时间分清轻重缓急，高效率地完成其中至关重要的工作。

生活在变幻莫测的职场里，几乎每个职场新人每天都有看似忙不完的事情，每个人都在抱怨时间不够用。这时，你如果从全局出发，将事情分出轻重缓急，将大目标分成若干个小目标，做事时先考虑优先顺序，并坚持“先做重要的事”的习惯，在关键事情、重要工作上，你集中全部精力，将其做到最好，那么久而久之，你的工作就会变得井井有条，卓有成效。

反之，你就会觉得琐事多如牛毛，工作乱得一塌糊涂。芬芬就是因为分不清工作的轻重缓急，而导致在电台的工作杂乱无章。

芬芬大学毕业，刚进入一家电台，担任执行制作助理，每到节目开始录制时，都能看见她蓬头乱发地在化妆间里冲进冲出，一会儿急急忙忙地拿份资料跑去影印，一会儿又到工程部看其他节目录像的情形，一会儿又像大梦初醒般地端了几杯茶进来给“特别来宾”喝。等好不容易拿到“热得冒火”的节目行程表及内容大纲时，离上场时间只剩下几十分钟了，于是在场每个人都只能集中精力，努力看稿。

主持人一边看稿还一边不放心地问芬芬：“布景准备好了吗？”没想到芬芬竟然喘了一口气后回答：“正在组合中。”接下来的景象可想而知，又是芬芬一个人跑来跑去，乱成一团。

每当月末开会总结时候，几乎所有的主持人都表示不愿意和芬芬这种“无头苍蝇型”的人一起工作，因为她完全分不清楚事情的轻重缓急。

看吧，这就是分不清轻重缓急的人的工作状态，芬芬的“忙忙乱乱”不仅影响了自己的工作，还耽误了整个节目的录制流程，可谓“危害深远”。

的确，常常使你晕头转向的并不是繁重的工作，而是你没有搞清楚自己的工作量，无法从容地设定顺序，一件一件地完成工作。林林正是在找准了轻重缓急之后,才能自如地应付班主任工作的。

在林林初任班主任工作时,她时常出现手忙脚乱的现象,即使是早早地来到学校或者晚点回家,忙乱现象也仍然存在。看着同事们有条不紊地工作着,林林不由反思:我为什么总是出现忙乱现象,是因为什么造成这一现状的呢?

于是林林就向同事们请教并观察他们的工作方式。在同事的指点和提醒下,林林发现她在工作的时候总是没有计划,分不清轻重缓急,手头碰到什么事情就做什么事情,学校要求做什么事情就去做什么事情,一旦临时出现加紧事件,就忙得完全找不到头绪了。

找到原因后,林林再做班主任工作时就特别注意这方面。在学期结束后,林林会及时地总结班级出现的问题,预定出下学期目标。此外,她还为自己准备了一个班务记录本,将发现的问题、近期须做的、固定时间做的和可延迟完成的,记录下来并进行归类,按轻重缓急合理分配完成时间,还预定出完成目标的步骤和方法,完成后再及时总结以寻求日后的改善措施。

分清了轻重缓急,林林心中就有了数,开学后工作就有了思路,一切事务处理起来自然灵活自如,而她的心态也随之从容了不少。

对于刚走入职场,成为班主任的林林来说,精力总是有限的,如果做事分不清主次,也许忙得昏天黑地,也做不出什么成效;相反,当她把有限的精力放在重要的事情上,不被那些看似紧急琐碎、实则次要的事情迷失双眼时,事半功倍的工作效率便不在话下。

所以,职场新人在做事时,不论事情有多少,一定要分清轻重缓急,明白自己工作中哪些是最重要的、哪些是最值得在乎的,并坚定地把最重要的事放在首位,全情投入,设法排除干扰前进的次要事情,相信在不知不觉中,你就能接近职场的成功,登上生命的巅峰!

改善心态,带着目标去工作

想成长为一个卓越的职场人士,年轻人一定要为自己的职业生涯设定出长期、短期目标。一般说来,需要确立的职业目标可分为三种。

对企业来说,是指营业额要求超过多少,或业绩要达到多少。至于职场新人来说,则是指何时要考取什么资格、执照,何时升职之类。

譬如你的心态、人格、性格、领导力、人际关系等，这个目标并没有所谓的终点，而是要不断精益求精，孜孜追求。

因为人都是靠阅历和经验来完成自身的成长和蜕变的，所以，想要成长为什么样的人物，就需要积累什么样的经验。若你以此为目标，就会争取到更多练习的机会，最后让自己成为这样的人。记住，设立这类目标要明确，不能好高骛远。

好心态修炼术——“5W1H 法则”

“5W1H 法则”即“Why、What、Who、When、Where、How”。这些法则，想必大部分职场新人都知道，但能熟练使用的人并不多。下面给大家详细讲述“5W1H”的内容：5W——Why（为什么——理由、目的）、What（什么——情况、材料、钱财、资讯）、Who（谁——人）、When（什么时间——时间、时期、期间）、Where（什么地方——场所）；H—— How（怎么样——实行的方法）

刚走入工作岗位的年轻人在实际工作中，要认真思考并灵活运用上述法则的各项内容。例如：

Why（为什么）

1. 有必要吗？

2. 调查了吗？

What（什么）

1. 什么是必要的？

2. 什么可以使用？

3. 什么是我没有的？

4. 什么是我的优势？

5. 什么是我的劣势？

Who（何人）

1. 谁最适合呢？

2. 请谁合作好呢？

3. 我应该请教谁呢？

When（何时）

1. 什么时候开始好?
2. 什么时候完成?
3. 什么时候最合适?
4. 什么时候总结?
Where(何地)
1. 在什么地方工作最合适?
2. 文件存放在哪里好?
3. 在哪里可以找到资源?
How(怎么样)
1. 怎样才能做好工作?
2. 要作出什么决定呢?
3. 这个问题怎么处理好呢?

在你调整心态时,可以针对“5W1H”好好思考一些问题,并且将所想到的所有答案全部记录下来,这样,你才能对这个工作了解充分,才能调整好心态承担工作。

第⑦章

职场性格：如何让个性推动工作发展

★★★ ★★★

年轻人如果想改变自己的世界，创造属于你的辉煌，就必须改变你的不良性格，修炼出好性格。性格在年轻人职业旅途中起着极为关键的作用，对个人的成长、择业、成就起着主导作用。

拥有好的职场性格，等于同时拥有了快乐、充实、美丽的人生。只要你有能力、机遇，便很快能找准自己前进的方向，走上一条成功的正道，在职场上扬鞭驰骋。

好性格的特征和魅力

好性格的年轻人的魅力不是外在的容貌与身材，更不是家境的优渥与浮华，而是个人的性格和品位、气质和风度、修养和节操。这样的人身在职场对人对事善于妥协，不固执己见，但也善于在妥协中巧妙地坚持，在不固执中自有一种主见。

好性格的年轻人心胸开阔，坦然而又磊落，能够宽容别人的过错，却不会将一些不快耿耿于心，对不恭之词能一笑置之，可以忍他人之不能忍；好性格的年轻人爱心浓厚，极具亲和力，真心而不计回报地关心亲友和同事，因而更受到朋友和同事的加倍喜爱。

谦虚、乐于听取不同的意见、择善而从，不心高气傲、盛气凌人、乱发脾气、怨天尤人是好性格年轻人的特征，他们遇事镇定，不会惊慌失措，而是冷静地找到办法来解决，在各种场合懂得如何应酬对答，总视自己为能者的学生、贤者的伴侣、朋友的知己。

职场良好性格的标准

1. 思路广阔，头脑开放，能兼顾来自不同渠道的意见，富有创造性。

2. 准备和乐于接受新的思想、观念、行为方式，欣赏新鲜的东西，不保守。

3. 客观而有效地认识现实及他人，并能积极肯定地看待自我、他人和大自然，并与之建立和谐、愉快的关系。

4. 守时、惜时，办事讲究效率。

5. 言行自然，待人率直淳朴，尊重他人，容易与他人形成真诚信赖的关系。

6. 有自主性、独立性，不盲从。

7. 富于宽容和同情。

8. 有较强的挫折耐受力，能为自己的目标合理地调节、控制自己的行为。

9. 富有竞争意识而又不乏合作精神，能将竞争与合作有机统一起来。在大范围内主张竞争，在小范围内讲求合作。

10. 具有良好的法律意识、道德意识和经济意识。

11. 性格的各个成分应该是和谐统一的。

12. 热爱工作、热爱生活。

13. 有自知之明，对自己的身心状态能进行客观地评价，能正确对待现实自我与理想自我的差别。

14. 有相对一致的人生哲学和一致的生活方向，为一种生活目的而生活。

好心情是好性格的必备

若你能常常微笑着面对生活中的一切，让自己拥有好心情、时时快乐，你的职场之路一定是从容而快乐的旅程。

人活着，只要开心就好。每天有个好心情，便是工作的钟灵之气，能让工作神韵流动，充满诗情画意；每天有个好心情，便能用一颗平常心对待一切挫折，让每一个平淡的任务、每一段散乱的事情鲜活起来，亮丽起来；每天有个好心情，便拥有了一支神来之笔，无需重彩浓墨，只要轻轻一点，便能让心胸豁然明朗，从容地在工作中展示自己的特色。

有了好心情，就有了从容面对工作的可能，有了创造与众不同的事业的基础，因为此时事业对你来说就像是一种艺术，仿佛风行水上，随意而从容；亦像一种修养，仿佛露水立于荷上，晶莹而透明。

是的，没有人可以决定你快乐或者不快乐，所有的感觉全在于你自己，在于你选择一种什么样的心态去面对。把好心情送给自己，就会给自己一份从容，无论面对的是困难还是成功。有了困难，给自己一个好心情，让自己别逃避，学会从容而努力地在逆境中寻求解决方案；有了成功，给自己一个好心情，让自己别骄傲，学会从容而淡定地在喜悦中寻找发展机遇。

在职场中，无论是身处顺境还是逆境，我们拥有一份好心情，就拥有了从容之心、立身之地，拥有了前进的动力、拼搏的利器。如若不然，我们就品尝不到多彩生活的酸甜苦辣，就体会不到“山重水复疑无路，柳暗花明又一村”的奇妙感觉。在为事业拼搏的历程中，没有过不去的河、跨不过的沟，所以，在前行的路途里，不断地调整自己的心态，给自己一个好心情，才能让自己从容地度过每一天，淡定地实现自己的初衷！

职场好性格的必备特质

要修炼出完美的职场好性格，第一点也是最重要的一点，就是对于职场同事都抱持着一个非评判性态度。这就是说，看待一个同事，要根据他或她此刻所提供的一切，而不是根据其他人认为可能在过去曾发生过的事(来自谣传的所有闲聊和批评)。

用这样的态度看待人，能让你更加有礼貌，而且懂得尊重人，从而得到更多的关心和支持，发展出更多的良性人际关系。

感觉敏锐、善于洞察到他人处境并出于善意去帮助其他人的职场新人是非常值得称赞的。以换位思考来观察其他人，并以真诚的心帮助他人，能让同事们更容易接近你、了解你，让你更容易开展工作。

培养真正的诚实是职场新人要拥有的第三项特质，这其中包括对于一个人的感受和意图要诚实，能清楚而精确地表达出目的，没有欺骗、假装及伪善，私底下的个人本质和公开的人格一样，是自然而真实、热情而衷心的。

真诚的职场新人，往往能以最小的努力获得支持和帮助，因为他们所拥有的这颗心足以温暖周围人，让他们自愿合作，共同进步。

有风度的职场新人能负起个人的责任，直接处理落入他们责任层级之内的问题，并直接和最有关系的人接触，遇到问题不会拖延处理，总是尽快地使自己挪出时间来，不会找借口说："我会尽快解决。"而是直接给出解决的时间。

这样的年轻人，做事效率通常是最高的，也是最容易获得提拔的。

良好的表达能力是实现顺畅沟通的必要条件，拥有这类特质的年轻人往往个性鲜明、性格活泼、开放而率直，同时，亦拥有良好的自我控制能力，能随时衡量个人在观众前的表达效果，让自己的表达既能彰显年轻的力量，又不至于惹人反感。

拥有这类特质的职场新人，都十分愿意分享个人感觉和意见，使周围人感到他更能胜任，是完成这个项目的不二人选。当然，分享的过程中，你要注意自己的语调、眼睛接触、脸部表情、得体的握手等细节，以取得事半功倍的效果。

奔放的职场新人乐于用自己的能力去影响和说服其他人，让其他人印象深刻；乐于成为解答的一部分，以自己的力量让事情发生改变；乐于满足具体的结果，利用并享受每一刻工作时间，让周围所有的人都感到工作的快乐和高效的成就感。

拥有自信这一特质的职场新人能安心于自己的角色，也会鼓励自己和其他人深入挖掘个人资源，冒更大的险，以完成工作，并完成更大的成就。

诚如“你的热情就像一把火，温暖了我的心窝……”所唱，热情的年轻人给人以浓烈而快节奏的感受，能手舞足蹈、笑口常开、神采飞扬地调动起周围同事的激情，有助于同事们解决工作、生活上的问题，让其体验到生活的阳光、感受到精神的力量。

热情奔放是年轻人珍贵的情商，像一块磁石，能把同事、朋友牢牢吸引在身边，无论知识、钱财或势力都比不上它。

《《 提高热情，让性格更出色 》》

保证身体健康是产生热情的基础。如果你的行动充满活力，你的精神和情感也会充满活力。

此外，在开始工作前，先给自己来一段精神讲话，或说些鼓舞的话。强迫自己采取热情的行动，你就会逐渐变得热情；同时，深入发掘你的题目，研究它，学习它，和它生活在一起，尽量搜集有关它的资料，这样做常会使你在不知不觉中变得更热情。

为什么当同样的压力来袭时，有的职场新人安然无恙，有的职场新人却身心衰竭？就是由于他们使用了不同的方法去处理压力。

那些安然无恙的职场新人在感觉工作量太大时，会进行时间管理，合理地分配每段时间要做的事情，以最佳的状态应对压力。而身心衰竭的职场新人不是消极地否认压力的存在，就是以更拼命地工作来掩饰问题，这种做法反而会形成恶性循环，使身心更加疲惫，让自己的工作热情更加低迷。

当你对工作的灵感逐渐枯竭、工作热情趋于消失时，就是你面临危机、应该重新思索自己的时候。这时，你应该花点时间静下来思考：自己想要什么？擅长哪个领域？性格倾向于从事哪类工作？这份工作可以发挥特长吗？是自己努力不够，还是被摆错了位置？自己对工作究竟有哪些期望？想从工作中获得些什么？而事实上工作本身能不能提供自己所需要的这些呢？

想好这些问题，才能清楚自己处于职场中的什么位置，遭遇了怎样的危机；管理好这些危机，才能赢得更广阔的发展。

当工作热情渐渐减少，感到压力缠身时，不妨与亲友、同事一起讨论目前的情况，把心里的症结点说出，不要闷在心中。

通过交谈，关心你的亲友、同事会给你一个恳切的建议，你可以在他们的帮助下确立更现实的目标，同时对压力的情况进行重新的审视。此外，如果确实需要某些实际的帮助，不妨求助于你的上司。在这些阅历比你丰富的人的帮助下，你更容易适应压力，重新产生好好工作的热情。

刚走入职场的新人，绝大多数时间都用在了工作上。如果你感觉工作热情不高了，可以和家人去听听音乐、看场电影，或者是进行打球、游泳等体育运动。除了享受这些时光之外，抽点时间享受个人时光也是十分重要的，花一点时间反省、沉思、发呆，甚至做做白日梦，都可以起到放松、澄清的效果，继而提升自己工作的热情。

说服他人，展现好性格

杰出的表达能力、能灵活说服别人，对职场新人展开工作十分重要，同时也能让人感受到你的好性格。

你若想在工作中说服他人做某件事，那么就一定不要去讲一些大道理，不要打击对方，伤害对方的自尊。人人都是有自尊心的，都不愿在人前丢面子。因此，你要想说服别人，就不要把话说绝，给被说服者留点面子，同时告诉他这样做的益处，这样才有利于说服的进行。

要说服对方，就必须先了解对方，职场新人对他人的思想、感觉、看法了解得越清楚，说服对方的可能性就越大。

性格不同的人，对他人意见的接受方式和敏感程度是不一样的。掌握对方的性格是急躁还是稳重、是自负还是谦虚有助于我们按照其性格特征有针对性地进行说服，这样的说服更能立竿见影。

优点是一个人最熟悉、最了解，也是最关心的领域。你在说服别人的时候，一定要从对方的长处入手，像有人擅长艺术，有人擅长语言，有人擅长计算等。这样，一方面能增加两人的经验范围，另一方面，我们所要说服的内容能令他更容易理解，说服的效果也更明显。

想必，每个人都喜欢从事和谈论自己最感兴趣的事物。从这方面入手，打开他的“话匣子”，再对他进行说服，便较容易达到说服的目的。

当你开始说服之前，要设法了解对方当时的思想动态和情绪，这对说服成败至关重要。

每个人所坚持的想法或事物，除了一些冠冕堂皇的理由外，很可能还有一些更深层次的原因，而这或许才是其坚持的真正理由。如果你能真正了解他的苦衷，就能有针对性地加以说服。

要想全面了解他人是不容易的。许多职场新人在开展工作的过程中，不能说服对方，就是因为他没有仔细研究对方，也没有采取适当的表达方式，急于说服。要想说服别人，我们首先要做的第一件事就是尽可能地了解别人的心理状况。

《《《 锁定目标人物，集中展示 》》》

你在开始说服行动之前，应该锁定明确的目标人物，找对说服对象，才能事半功倍地实现你的想法。要怎样才能找到真正有决定权的人呢？实际

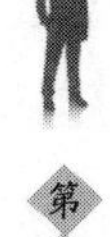

上,并没有一个固定的方法可以用来确定谁是关键的决策者。因此这就需要你在工作中能察言观色,会分辨其中的关键人物。

此外,一个较为保险的方法是,应尽可能地接触职位高的人。但是,有的时候,真正执行的人比有决定权的人更重要。比如,你推销一种商品,这时,你需要找到总经理,因为只有他才是有决定权的人,他有权进货。但同时,我们还要去努力说服售货员,虽然他们对是否进货没有决定权,但他们是真正的执行者,他们可以帮助你把产品卖出去。

找对说服的对象是需要敏锐观察力的,这需要你在工作中不断揣摩和提炼,慢慢来,相信你的说服力都定得到大幅度的提升,同事们也会觉得你性格真的很好,办事效率非常高!

好性格,提高说服人的技巧

灵活地利用如下技巧,可以让我们在复杂的人际关系中进退自如。

你在说服别人时,首先应该想方设法地掌握双方谈话的气氛。和颜悦色,用提问的方式代替命令,充分维护他人的自尊和荣誉,始终营造友好而和谐的气氛,这样说服更容易成功。

相反,如果我们在说服他人时不尊重对方,总是拿出一副盛气凌人的架势,那么对方就会感觉厌恶,说服也多半会失败。毕竟人都是有自尊心的,都希望得到尊重,谁都不希望自己被他人不费力地说服,进而受其支配,丧失自主权。

每个人都有同情心,要想说服比我们强大的对手,不妨采用这种争取同情的技巧达到目的。

大家都知道用威胁的方法可以增强说服力,尤其是用得恰到好处时,善意的威胁能使对方产生恐惧感,从而达到说服目的,成功拿下被说服者。虽然威胁能够增强说服力,但是,在具体运用时要注意以下几点:态度要友善、讲清道理说明原因、威胁程度不能过分。否则反而会弄巧成拙,产生不良影响。

常常,当你和被说服的对象较量时,彼此都会产生一种防范心理,这时,我们要想说服成功，就要注意以情动人，消除对方的防范心理。其实，从潜意识来说，防范心理的产生是一种自卫，也就是当人们把对方当作假想敌时产生的一种自卫心理。而消除防范心理的最有效方法就是以情动人，表示自己是朋友而不是敌人。

当你站在他人的立场上分析问题时，能给他人一种为他着想的感觉，这种同理心有着极强的说服力，往往能帮助我们轻松实现目的。你要想做到这一点，“知己知彼”十分重要，唯有先知彼而后才能从对方立场上考虑问题，以心交心。

有的人总是习惯于拒绝他人的说服，经常都处于“不”的心理组织状态之中。对付这种人，如果你一开始就提出问题，绝不能打破其“不”的心理。所以，你得努力寻找与对方一致的地方，并尽力弥补自己的不足，让对方减少对你的偏见，渐渐开始赞同你。

说服他人看上去非常困难，因为每个人都有着自己的思想、价值观、人生观，但只要你能认真揣摩说服他人的一些秘方，就会发现说服他人是个技术活，只要用心观察、学习，就一定能百发百中，成功实现自己的目的。

玲珑机灵，性格达人

对于不同的人，你要灵活利用不同的说服方式和方法，并运用一定的技巧，这样才能达到预期的效果和目的，从而不断提升你说话的能力，让人感觉到你的好性格。

说服这件事情，仔细研究起来，是非常复杂的。有时，可能因为你用错一个字，就会无端地惹起对方的反感。在职场中，各个阶层、各种宗教、各种信仰的人，都各有一套说话的习惯、一套习惯的用语。

仔细观察那些说服高手，就会发现他们对这方面的知识都是相当看重的。他们非常善于原音重现，用对方惯用的语言说服对方，并与对方建立起更深的关系，以便日后继续合作。

俗话说：“不要一条路走到底。”在说服别人时，你也应注意这一点。说服方法要因人而异，如果此方法不行，达不到预期的效果，就要善于更改

方法。

语言是很奇妙的,同样的内容,可以有千百种表达的方式和方法。当你在说服的过程中发现对方表现出茫然不解或不以为然时,你就要立刻顺风转舵,改变初衷,换一个更好的方式。同时,你要随时反省自己:我的话,对方能够接受吗?是讲得太深奥了,还是讲得太肤浅了?是把问题提得太复杂了,还是把问题提得过于简单直白了?我的话是太武断了,还是太含蓄了?我所用的词汇是太文雅了,还是太粗俗了……

总之,所有的说服都要因人而异,例如,对年轻人,应采用煽动性的语言;对中年人,应讲明利害,供他们斟酌;对老年人,应以商量的口吻,尽量表示尊重的态度;对职业人士应该运用与对方所掌握的专业知识关联较紧的语言与之交谈,如此,对方对你的信任感就会大大增加;若对方性格直爽,便可以单刀直入;若对方性格迟缓,则要"慢工出细活";若对方生性多疑,切忌处处表白,应该不动声色,使其疑惑自动消除;对文化程度低的人所采用的方法应简单明确,多使用一些具体的数字和例子;对于文化程度高的人,则可以采取抽象的说理方法;对兴趣爱好不同的人,则要从对方的爱好入手,为下一步的劝说工作打下良好的基础。

灵活应用这些方法,相信你的说服一定会有令人信服的魔力!

说服人要注意的问题

在工作生活中,你常常希望把自己的观点、想法准确有效地传达给某些人,并且说服对方,使他们接受你的意见或建议,然后付诸实施,这个过程就是说服。然而被说服的对象又因为本身经历、经验价值取向等的不同,大大增大了我们说服的难度。因此,我们在"怎么样去说服别人"这样的问题中,要注意几点细节,这些小细节能帮助我们顺利地说服对方。

双方的信任是进行说服的基础,没有这个基础,任何说服都不会取得理想的效果。比方说同样一个有利于公司发展的方案,如果领导信任你,他就容易接受;相反,如果领导不相信你,那么,他就难以接受。

因此,你要想说服对方,首先要做的就是取得对方的信任,信任是万事成功的保证,也是让同事觉得你性格好的基本。

你在说服对方接受自己的提议时，一定要注意秉承你好、我好、大家好的原则，说服对方的提议提案必须为对方带来好处，而且在提议中不能包含对方所不喜欢的内容，这样对方才容易被你说服。每个人的利益都不受损害，才是说服的最高境界，也是你性格好的最佳展现。

第一步，说你的实例的细节，生动地说明你想传达的意念；第二步，以详细清晰的语言，说出你的重点，要听众做什么；第三步，说出听众这么做的好处。如果你能够依照这个魔法公式的步骤去说服对方，那么对方很可能被你说服。

如果对方没有轻易被你说服，那就说明他有所顾虑，你要想说服他，就必须找到对方拒绝的真正原因，而不是相信对方所提供的理由。在找到主要原因以后，就要通过一一举例否定他的拒绝理由，并且直接有效地提出解决对方内心真正顾虑的方法，这种说服才能事半功倍，让对方更信任你。

在条件合适的情况下，用事实说话，提供有力的数据支持，甚至提供书面资料，会使说服变得非常轻松。在说服中尽可能地运用数据、事例绝对是种行之有效的好方法，会更让人信服，因为事实往往是最好的教科书。

体态语言的应用就是身体对于作用对象的开放形态和封闭形态。所谓开放形态就是做出动作或姿态把对象包纳进来，比如，双臂环张做拥抱状；所谓封闭形态就是做出动作或姿态把对象排除在外，很典型的一个动作就是双臂怀抱于胸前。你在说服时，应当采用得体的肢体语言，尤其是开放形态的体态语言，尽量促使对象采取开放式的体态，这样往往会有好的效果，增加他人对你的好印象。

人人参与，让你的性格更亲切

一旦人们心里有了强烈的参与意识，那么，无论什么事，就都像是他们自己的事一样，在不知不觉中，他们的工作态度和干劲就逐渐好转起来，你就很容易走进同事心中，让他们觉得你分外亲切，性格格外好。

相信大家都知道这样一个实验：实验者登门拜访许多家庭主妇，希望她们支持一项宣传交通安全的活动，只要求她们在一张请愿书上签个名，并告

诉她们这个请愿书将交给参议员，使他们为立法鼓励安全行车而努力。所访问的妇女几乎都同意签名。几星期后，另一些实验人员又去要求许多妇女在她们家的庭院草坪上立一块写着“谨慎驾驶”的大牌子。结果，以前同意签名的妇女中有55%的人同意立大牌子，而起先未被要求在请愿书上签名的大多数妇女(83%)都拒绝了这一要求。

心理学家做的这个实验说明，即使对方对这类事情完全不感兴趣，但如果能在一开始就让对方成为参与这类事情的人，他们就会产生对该行动的态度，即觉得自己对参与的活动负有责任，这就消除了以后从事类似活动的对抗心理。所以，当随后再提出与此类事情相关的要求后，对方就感到不难接受了。

这就说明在工作中参与意识的重要性。事实上，这种共同参与的意识能让人与人之间建立起深厚的友谊，让人觉得你性格特别好。道理很简单，两个一起同甘共苦过的人，感情自然就会很深。即使在陌生人之间，只要有过共同参与某件事情的体验，彼此就会马上成为好朋友。

注意到人的这层心理后，如果我们想说服某个人或想在同事之间建立良好的关系，具体做法就是让他参与谋事或共同行动。扪心自问，相信没有人喜欢被支配，或被迫去做一件事，一个让同事觉得你性格好的秘诀是：让别人觉得那是他们的主意。

有些时候，我们无法让对方直接参与到某件事中，这时如果能用一种“间接”的方式让对方参与进来，也会大有益处。比如，在学校里，对一些在课堂上吵闹的学生，大多数老师都以训斥的方法使学生暂时安静下来，但这种方法只能令教室内的气氛顿时变得紧张，从而影响学生上课的情绪。一些上了年纪、有经验的老师却不会这么做，他们反而会有意无意地指点那些顽皮学生邻座的同学读一读课文或问一些问题，那些吵闹的同学便立刻安静下来，并且集中了注意力。这也可以说是间接说服的方式，提醒他们参与上课的意识，而且不会产生紧张的气氛。这种做法也适用于你与同事的相处过程中。

忌随意打断，体现你的好修养

若你在说话前不去了解别人的感受，而是随意打断他人说话或抢着接别人的话头，就会扰乱他人的思路，引起其不快感，因此永远不要随意打断别人的话，这也是有修养的职场新人的基本素质之一。

并不是每个年轻人都会有很好的修养去倾听他人的讲话，总有人会按捺不住，有意或无意地去打断对方的谈话，事实上，这是很无礼的表现。培根曾经说过："打断别人、乱插嘴的人，甚至比发言者更令人讨厌。"

每个年轻人都会有想表达自己想法的愿望，但如果你在说话前不去了解别人的感受，不分场合与时机地去打断别人说话或抢着接别人的话头，这就是极其不礼貌的，甚至会令他人产生误会，影响到自身的形象。当然，无意识地打断对方的谈话，是可以理解的，但你也应该尽量避免这种情况发生；而有意识地打断别人的谈话，则要绝对避免，否则，你与他人的对话注定无法进行下去。

随便插话对你的性格造成严重影响

在职场上，人人都应该得到尊重，说话是每个人的权利，不随意打断别人的话是对别人的尊重，同时，也是对我们自己的尊重。我们每一个人都知道，随便打断别人说话是非常无礼的表现，却总是忍不住。殊不知，经常打断别人的话，其实是一种爱表现的心理，这是一种消极的情感，如果任其发展下去，就会造成严重的后果。

不能容忍他人超过自己，看到别人好就生气，情绪失去控制；不知道尊重他人，更别提理解他人了，更有甚者，还会恶意诋毁他人。

经常打断别人的话，就会听不到别人的意见，渐渐养成自高自大、自以为是的性格。而过高地估计自己的能力，就会逐渐会形成"唯我独尊"的个性心理，出现严重的自私自利行为，脱离上司的管理，影响整个团队的团结。

随意打断他人的对话，并且认识不到自己的错误，就会在错误中继续犯错，甚至失去理智，不能自拔，善恶难辨，做出更为极端的行为。

若是你有了爱表现的心理，内心就会始终处于高度的应激状态，大脑总是得不到休息，睡眠质量就不会高，消化功能也会降低，容易患心血管疾病，甚至引发精神疾病，对身心健康大大不利。

这些危害都在告诉我们，工作中要客观看待对方，正确看待自己，要明白“人外有人，天外有天”的道理。不要随意打断他人的话，耐心地倾听，才能使我们变得更谦逊、更优雅、更招人喜欢！

随便插话，坏习惯影响性格

有些职场新人喜欢在别的同事谈话时插话，这是个非常不好的习惯，也是没有礼貌的表现，甚至会让人觉得他们性格浮躁，而对他们产生反感。

不懂礼貌的年轻人才会在别人谈着某件事的时候冷不防地插一嘴，让别人猝不及防。这样的人常常不管对方在说什么，而是直接将话题转移到他自己感兴趣的地方，甚至坚持一己之见说出结论。相信，这样的人无论走到哪里都不会受欢迎的。

对年轻人而言，随便插话是不礼貌的行为，它会在不经意之间破坏你的职场人际关系。所以，要获得好人缘，要想让别人喜欢你、接纳你，你就必须根除随便打断别人说话的陋习，在别人说话时千万不要插嘴，此外，还要学会：

1. 不要用不相关的话题打断别人说话。
2. 不要用无意义的评论打乱别人说话。
3. 不要抢着替别人说话。
4. 不要急于帮助别人讲完事情，强加上自己的观点。
5. 不要为争论鸡毛蒜皮的事情而打断别人的话题，令整个谈话不欢而散。

就本质而言，插话其实是一种自我表现的形式，是为了吸引对方的注意力。要根除这个陋习，你一定要养成耐心地倾听对方的讲话，听明白别人说的是什么、等别人说完后再提问题的习惯。

此外，还要注意自己的眼神，在听别人讲话时应该注视说话人的眼睛，不能东看西瞧。在听别人说话时，要领会他人的意思，并记住有哪些不明白的地方，等说话人说完后再提出来，以显示自己倾听的诚意和专注程度。

只顾自己滔滔不绝，无视他人的存在，的确是一种不礼貌的行为。听其他人讲话时，你要学会先安静地听，等听清楚了别人的讲话内容后，再准确完整地说清自己的想法。这一方面是我们尊重他人的表现，另一方面也可以帮助我们学习到更多的知识。

学会倾听别人的讲话，不随意插话，才能让你成为同事、上司眼中有风度、性格好的年轻人，才能让你的交际圈越来越大。渐渐地，你便会在人群中产生威信，逐渐成为组织中的中坚力量。

好性格，“忍”为先

常言说：大忍大益，小忍小益，不忍不益。忍耐是职场新人的一剂良药，能使你镇静，受益一生！

职场不是一个可以任性的地方，因为其本身存在着许多不确定性，遇到不顺心的人和事更是正常，甚至连烦恼本身也是社会生活中不可避免的存在，既然如此，那年轻人用何种心态、如何对待一切便显得尤为重要。

工作中你会遇到许多不公平的事、无法接受的人，可你又无法改变他人，这时与其愤怒地大声指责、声嘶力竭地发泄不满，不如怀着忍耐的心给对方一个理解、善意的微笑，给他人留下大度、善良的好印象，让同事觉得你性格好，也更容易接纳你。

忍耐并不是懦弱，也不是伤自尊，而是宽容美，在适当的时候让一步，不仅可以体现出你的涵养、你的性格，更能让你成为受欢迎的职场新人。

不要以为“忍”是心字头上一把刀，就一定代表着流血与牺牲，职场新人的忍耐不是委曲求全、自我折磨、心存怨恨、放弃追求、颓废逃避，而是为工作感恩、向成功努力、给别人机会、对同事宽容。要知道，“忍”字下面是颗心，有心的地方就会有善良与真情，勇气和信念。

年轻人能忍，才能有好性格，体会他人的所思所想，为他人也为自己营造宽松和谐的氛围。年轻人能忍，才能忍辱负重，韬光养晦，静待时机，奋力前行。年轻人能忍，才能沉静心思，远离浮躁，明辨是非，权衡利弊，学会处事，使自己的人生少些懊悔，多一些快乐。年轻人能忍，才能在顺利时，不自以为是，而是放慢脚步，扶持身边人，一同前行；在逆境中，不怨天尤人，而是相信自己，笑对生活，执着追求，勇走天涯路！

测测你的脾气好不好

若是预先知道你的男/女朋友要来拜访，你会特意摆上什么东西，来彰显自己的个性，博取好印象？

A. 布娃娃或模型玩具

B. 舒适的座垫、沙发

C. 自己的得意照片

D. 海报或书架

测试结果：

A：你平日会关心周遭发生的事，也会注意朋友的心情，给予贴心的问候。不过，以亲疏来分，你最爱的当然还是自己喽！这是理所当然的事，多数人也都是如此。唯有了解自己的需要，才能设身处地为别人着想。所以当你将自己的事情都打点好，行有余力时，就会主动去帮助别人，让大家都能感受到你的亲和力。

B：很多人会认为自己很重要，凡事会以自我为出发点，在你身上完全看不到这样的特质。你会考虑到别人的感受，反而是其他人比较爱跟你撒娇，而你也不会太过计较，能够多为大家做一些事时，吃点小亏也是无所谓的。所以你比较像老大哥、老大姐，具有成熟的大家风范。当你也想闹闹小脾气时，就只能找自己的家人或亲密爱人了。

C：平日周遭的人都待你不错，把你当小弟弟/小妹妹看待，你也很习惯这样的相处方式。在团体中，你希望多受到一点重视，大家都能够知道你想要什么；或者是当你提出要求时，每个人都能够支持、协助。当然不是所有的愿望都能实现，所以当你吃了闭门羹后，会牢牢记下这笔账，之后此人就被你列入不欢迎的名单中了。

D：你的感应力很敏锐，能够很快察觉到别人的想法，为了能够更受欢迎，你会特意表现自己。当你觉得很开心的时候，会将喜悦的事情和其他人分享。你也愿意将所学的一切告诉朋友。可是，若碰到一些不识趣的人，爱唱反调，或是故意吐你槽，你也不会给对方好脸色看。

《《 职场性格心理测试 》》

请根据你自己的实际情况，对下面的问题作出回答。

第一组

(1)喜欢内容经常变化的活动或工作情景。

(2)喜欢参加新颖的活动。

(3)喜欢提出新的活动并付诸行动。

(4)不喜欢预先对活动或工作作出明确细致的计划。

(5)讨厌需要耐心、细致的工作。

(6)能够很快适应新环境。

第一组总计次数( )

第二组

(1)当精力集中于一件事时,别的事很难使我分心。

(2)在做事情的时候,不喜欢受到出乎意料的干扰。

(3)生活有规律,很少违反作息制度。

(4)按照一个设计好的工作模式来做事情。

(5)能够长时间做枯燥、单调的工作。

第二组总计次数( )

第三组

(1)喜欢按照别人的批示办事,不需要负责任。

(2)在按别人指示做事时,自己不考虑为什么要做这些事,只是完成任务就算。

(3)喜欢让别人来检查工作。

(4)在工作上听从指挥,不喜欢自己作出决定。

(5)工作时喜欢别人把任务的要求讲得明确而细致。

(6)喜欢一丝不苟按计划做事,直到得到一个圆满的结果。

第三组总计次数( )

第四组

(1)喜欢对自己的工作独立作出计划。

(2)能处理和安排突然发生的事情。

(3)能对将要发生的事情负起责任。

(4)喜欢在紧急情况下果断作出决定。

(5)善于动脑筋,出主意,想办法。

(6)通常情况下对学习、活动有信心。

第四组总计次数( )

第五组

(1)喜欢与新朋友相识并一起工作。

(2)喜欢在几乎没有个人秘密的场所工作。

(3)试图忠实于别人且与别人友好。

(4)喜欢与人互通信息,交流思想。

(5)喜欢参加集体活动,努力完成所分给的任务。

第五组总计次数( )

第六组

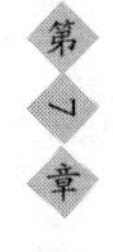

(1)理解问题总比别人快。
(2)试图使别人相信你的观点。
(3)善于通过谈话或写信来说服别人。
(4)善于使别人按你的想法来做事情。
(5)试图让一些自信心差的人振作起来。
(6)试图在一场争论中获胜。
第六组总计次数( )
第七组
(1)你能做到临危不惧吗?
(2)你能做到临场不慌吗?
(3)你能做到知难而退吗?
(4)你能冷静处理好突然发生的事故吗?
(5)遇到偶然事故可能伤及他人时,你能果断采取措施吗?
(6)你是一个机智灵活,反应敏捷的人吗?
第七组总计次数( )
第八组
(1)喜欢表达自己的观点和感情。
(2)做一件事情时,很少考虑它的利弊得失。
(3)喜欢讨论对一部电影或一本书的感情。
(4)在陌生场合不感到拘谨和紧张。
(5)相信自己的判断,不喜欢模仿别人。
(6)很喜欢参加公司的各种活动。
第八组总计次数( )
第九组
(1)工作细致而努力,试图将事情完成得尽善尽美。
(2)对学习和工作抱认真严谨、始终如一的态度。
(3)喜欢花很长时间集中于一件事情的细小问题。
(4)善于观察事物的细节。
(5)无论填什么表格态度都非常认真。
(6)做事情力求稳妥,不做无把握的事情。
第九组总计次数( )
测试结果:
选择"是"的次数越多,则相应的职业性格类型越接近你的性格特点;选择"不"的次数越多,则相应性格类型越不符合你的性格特点。

1. 变化型。你在新的和意外的活动情景中感到愉快，喜欢经常变化的职业。追求多样化的生活，以及那些能将其注意力从一件事转到另一件事上的工作情景。

2. 重复型。你喜欢连续不断地从事同样的工作，喜欢按照一个机械的和别人安排好的计划或进度办事，喜欢重复的、有规则的、有标准的职务。

3. 服从型。你喜欢按别人的指示办事。不愿自己独立作出决策，而喜欢对分配给对自己的工作负起责任。

4. 独立型。你喜欢计划自己的活动和指导别人的活动，在独立和负有职责的工作中感到愉快，喜欢对将要发生的事情作出决定。

5. 协作型。你在与人协同工作时感到愉快，想要得到同事们喜欢。

6. 劝服型。你喜欢设法使别人同意你的观点，这一般通过谈话或写作来达到。对于别人的反应有较强的判断力，且善于影响他人的态度、观点和判断。

7. 机智型。你在紧张和危险的情景下能很好地执行任务，在危险的状态中能自我控制和镇定自如。在意外的情境中可以工作得很出色，当事情出了差错时，也不易慌乱。

8. 好表现型。你喜欢能表现自己的爱好和个性的工作情景。

9. 严谨型。你喜欢注意细节，按一套规则和步骤将工作做得完美。倾向于严格、努力地工作，以便能看到自己出色地完成工作的效果。

注：测试结果只作参考。

性格与职业心理测试

有一个父亲，将两条10米的绳子交给2个儿子，让他们分别围成一个长方形。绳子虽然同长，但弟弟围的土地比哥哥多9平方米，这是为什么？（请务必选择是你的第一反应的答案！）

A：哥哥老实，而弟弟做了手脚。

B：不为什么，两兄弟各用各的方法测量。

C：不知道为什么。

D：其他原因。

测试结果：

A:你是个认真负责的人,尤其是从事总务工作最合适。不炫耀,不被人敌视,人际关系良好,是个含蓄而善良的人。

B:你适合当经理或担任业务方面的职务,很懂得赚钱,也可以自己做生意,但别人都认为你是个需要加以防范的人。

C:你对自己喜爱的工作能集中精力全力以赴,人际关系仅仅限于工作上,私生活相当孤单,朋友较少。

D:你的心境常随环境而变化,应留心别人对你的影响,你能胜任工作,但觉得意犹未尽,希望能实现自身的价值。

测测你更适合哪种职业及你的性格

每题只能选择一个答案,应为你第一印象的答案,把相应答案的分值加在一起,即为你的得分。

1. 你更喜欢吃那种水果?

A. 草莓 2 分

B. 苹果 3 分

C. 西瓜 5 分

D. 菠萝 10 分

E. 橘子 15 分

2. 你平时休闲经常去的地方?

A. 郊外 2 分

B. 电影院 3 分

C. 公园 5 分

D. 商场 10 分

E. 酒吧 15 分

F. 练歌房 20 分

3. 你认为容易吸引你的人是?

A. 有才气的人 2 分

B. 依赖你的人 3 分

C. 优雅的人 5 分

D. 善良的人 10 分

E. 性情豪放的人 15 分

4. 如果你可以成为一种动物，你希望自己是哪种？

A. 猫 2 分

B. 马 3 分

C. 大象 5 分

D. 猴子 10 分

E. 狗 15 分

F. 狮子 20 分

5. 天气很热，你更愿意选择什么方式解暑？

A. 游泳 5 分

B. 喝冷饮 10 分

C. 开空调 15 分

6. 如果必须与一个你讨厌的动物或昆虫在一起生活，你能容忍哪一个？

A. 蛇 2 分

B. 猪 5 分

C. 老鼠 10 分

D. 苍蝇 15 分

7. 你喜欢看哪类电影/电视剧？

A. 悬疑推理类 2 分

B. 童话神话类 3 分

C. 自然科学类 5 分

D. 伦理道德类 10 分

E. 战争枪战类 15 分

8. 以下哪个是你随身必带的物品？

A. 打火机 2 分

B. 口红 2 分

C. 记事本 3 分

D. 纸巾 5 分

E. 手机 10 分

9. 你出行时喜欢坐什么交通工具？

A. 火车 2 分

B. 自行车 3 分

C. 汽车 5 分

D. 飞机 10 分

E. 步行 15 分

10. 以下颜色你更喜欢哪个？
A. 紫 2 分
B. 黑 3 分
C. 蓝 5 分
D. 白 8 分
E. 黄 12 分
F. 红 15 分
11. 下列运动中哪一个是你最喜欢的(不一定擅长)？
A. 瑜伽 2 分
B. 自行车 3 分
C. 乒乓球 5 分
D. 拳击 8 分
E. 足球 10
F. 蹦极 15 分
12. 如果你拥有一座别墅,你认为它应当建立在哪里？
A. 湖边 2 分
B. 草原 3 分
C. 海边 5 分
D. 森林 10 分
E. 城中区 15 分
13. 你更喜欢以下哪种天气现象？
A. 雪 2 分
B. 风 3 分
C. 雨 5 分
D. 雾 10 分
E. 雷电 15 分
14. 你希望自己的窗口在一座 30 层大楼的第几层？
A. 7 层 2 分
B. 1 层 3 分
C. 23 层 5 分
D. 18 层 10 分
E. 30 层 15 分
15. 你认为自己更喜欢在以下哪一个城市中生活？
A. 丽江 1 分

B. 拉萨 3 分

C. 昆明 5 分

D. 西安 8 分

E. 杭州 10 分

F. 北京 15 分

测试结果：

180 分以上

意志力强，头脑冷静，有较强的领导欲，事业心强，不达目的不罢休。外表和善，内心自傲，对有利于自己的人际关系比较看重，有时显得性格急躁，咄咄逼人，得理不饶人，不利于自己时顽强抗争，不轻易认输。思维理性，对爱情和婚姻的看法很现实，对金钱的欲望一般。

140 ~ 179 分：聪明，性格活泼，人缘好，善于交朋友，心机较深。事业心强，渴望成功。思维较理性，崇尚爱情，但当爱情与婚姻发生冲突时会选择有利于自己的婚姻。金钱欲望强烈。

100 ~ 139 分：爱幻想，思维较感性，以是否与自己投缘为标准来选择朋友。性格显得较孤傲，有时较急躁，有时优柔寡断。事业心较强，喜欢有创造性的工作，不喜欢按常规办事。性格倔强，言语犀利，不善于妥协。崇尚浪漫的爱情，但想法往往不合实际。金钱欲望一般。

70 ~ 99 分：好奇心强，喜欢冒险，人缘较好。事业心一般，对待工作，随遇而安，善于妥协。善于发现有趣的事情，但耐心较差，敢于冒险，但有时较胆小。渴望浪漫的爱情，但对婚姻的要求比较现实。不善理财。

40 ~ 69 分：性情温良，重友谊，性格踏实稳重，但有时也比较狡黠。事业心一般，对本职工作能认真对待，但对自己专业以外的事物没有太大兴趣，喜欢有规律的工作和生活，不喜欢冒险，家庭观念强，比较善于理财。

40 分以下

散漫，爱玩，富于幻想。聪明机灵，待人热情，爱交朋友，但对朋友没有严格的选择标准。事业心较差，更善于享受生活，意志力和耐心都较差，我行我素。有较强的异性缘，但对爱情不够坚持认真，容易妥协。没有财产观念。

工作中发生紧急事件时，你选择如何解决

职场中，紧急事件随时发生，临时的状况，需要各方及时沟通细节，解决危机；第一时间的沟通方式，你会如何选择？

A. 在 MSN 上及时沟通，文字形式，避免信息错误理解。

B. 立即致电对方，快速表达经过的同时，也将紧急情况表达。

答案：A. 理智冷静型

MSN 是一种便捷的沟通工具，也是现代办公必不可少的沟通工具，其优点在于及时、迅速、准确地互动，并可以留下文字的记录备查，而且在整个解决问题的过程中，都可以保持这种互动和信息交换，跟进问题的处理，让一切按部就班地进行。唯一的不足是稍显不够正式，有时可能因此不能引起对方足够的重视，也受限制于对方是否在线并积极回应。因此，在多数紧急事件发生时都选 A 的人往往个性上比较理智和冷静，有较高的实际解决问题的能力，但比较少激情和活力，多见于做文案工作的人。

答案：B. 直接快速型

选择立即打电话的方式，是特别追求效率的一群人，在乎问题的结果，关注紧急事件是否能立即得到解决和处理，具备训练有素的职业化精神和灵敏的思维反应速度。但需要注意的是追求速度的同时也意味着可能会导致疏漏，纯口头的交流有时会带来双方理解上的偏差或导致忽略掉一些重要的细节。在多数紧急事件发生时都选 B 的人往往性格比较乐观外向，充满了热情和活力，多见于做销售和市场工作的人。

第8章 职场生存：这样的新人最受欢迎

作为刚入职的新人，你受周围同事欢迎吗?你能很好地融入团队中吗?你会熟练运用人际交往的技巧吗?你能得到上司赏识，得到发展的机会吗? 在职场中，处在一个陌生的环境里，不管你有多大的能耐、有多大的抱负，都要本着学习的态度，多干活、少说话，让自己变得受欢迎起来。

年轻人要想成为强者、成功人士，就必须要懂得与他人合作的重要性，让自己变成一个受欢迎的人，为自己的事业成功打开门路。

《 最受欢迎职场新人必备智慧 》

所谓“趣味相投”，即为有共同爱好、兴趣的人才能成为朋友。

王名是应届毕业生，刚走入职场的他看同事们常常聚在一起谈天说地，总感觉到自己插不上嘴，因而和同事们相处得有些尴尬。后来，王名发现同事喜欢的话题多是关于体育的，于是，他开始每天都“有意识”地关注体育方面的消息和新闻，遇到合适机会甚至还和同事们一起去看球。王名发现有了共同话题后和同事相处容易多了，每次和他们闲聊的过程中，也能将自己在工作中的一些感受和他们进行交流，彼此的工作友谊增进了很多。

个人隐私自然带着些不可告人或者不愿让其他人知道的隐情，如果有同事当你是好朋友，将自己的隐私告诉你，那说明同事对你非常信任，所以，你一定要保守住他的秘密。要是他听到了自己的私密被曝光，不用猜，他肯定会认为是你出卖了他。

如此一来，他必会在心里不止千遍地骂你，并后悔曾经把你当朋友，还那么信任你。所以，个人隐私不可以随意说出来，这是让你受人欢迎的最基本原则和智慧。

作为职场人士的你，最好独自去处理自己的情感生活，在爱情还没有成熟前，即使最亲密的同事，也不要拖着一起去约会，别让爱情为你的事业添堵，破坏了你的事业和同事友情。

在工作之余，闲聊八卦非常正常，有的同事参与聊天是为了在他人面前炫耀自己的知识面广，如果你想满足自己的好奇心，对他的问题来个打破砂锅问到底的提问，他马上就会露馅了，自然无法再将闲聊进行下去。如此，不但会扫了大家的兴趣，也会让这位同事难堪，更有甚者，以后再闲聊的时候，同事们还会有意无意地避开你。因此，在任何场合下闲聊时，提问都要适可而止，这样才能让自己受欢迎，让同事觉得你非常聪明。

职场上常常会有各种各样的流言蜚语，要知道这些言语是非常具有杀伤力和破坏性的，可以直接伤害人的心灵。千万不要让自己成为传播这些挑拨离间之言的其中一位，经常性地搬弄是非，会让其他同事对你产生一种唯恐避之不及的感觉，而这样的你也一定不会受欢迎。

在工作过程中，与同事产生一些小矛盾非常正常。在处理这些矛盾的时候，要注意方法，不要表现出盛气凌人的样子，非要和同事做个了断、分个胜负。

就算你有理，如果你得理不饶人，同事也会觉得你是个不给他人余地、不给人面子的人，进而对你敬而远之，这样你可能会失去一大批同事的支持，变得不受欢迎，更别说你得罪的那个同事还有可能成为你的敌人，为你的事业发展埋下隐患。

在不是万不得已的情况下，切忌随意向同事伸手借钱，即使借了钱，也一定要记得及时归还。否则，同事会对你产生反感，如果因为钱而损失了友情，让自己变得不受欢迎，是非常不明智的。

有的新人因为还不适应社会、工作，总是怒气冲天、满腹牢骚，逢人就大倒苦水，但这样不停地发牢骚会让周围的同事苦不堪言，让同事们觉得：既然你对目前工作如此不满，为何不跳槽，去另寻高就呢？渐渐地，同事会认为你是个眼高手低的人，进而疏远你。

有的年轻人，每当自己工作有成绩而受到上司表扬或者提升时，就在办公室中四下招摇、到处去说，这样，往往会招人嫉妒，引来不必要的麻烦。除了在得意时不能太张扬外；在失意时，也不能在办公室向其他人诉说上司的种种不对，或是谁谁谁也犯了同样的错误却没被惩罚之类的话。如果这样，不但上司会讨厌你，同事们会更加讨厌你，你以后在公司肯定没法受欢迎了。所以，无论是得意还是失意的时候，都不要过分张扬，否则只能给工作友谊带来障碍，让人觉得你心胸不宽。

有的新人喜好巴结上司，这样，肯定会让一些同事看不惯，甚至还会影响你和同事们之间的感情。

要是真想讨得上司欢心，应尽量多人相约一起去讨好上司，而不要在私下做些小动作，让同事怀疑你的忠诚度，甚至怀疑你人格有问题。否则，以后同事再和你相处时，就会下意识地提防你，一旦发现你出卖了同事，就连其他想和你交朋友的人都不敢靠近你了，这样，你怎么可能受欢迎呢？

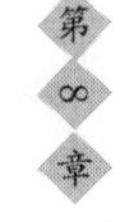

最受欢迎的职场新人类型

诚信是年轻人走进职场最被关注的品质。诚信的品质比实际技术更加重要,因为学校里学的专业知识毕竟不完整,也在一定程度上缺乏实用性,一般都要到企业中经过实战操作,才会真正熟悉专业技术。如此一来,一个年轻人最基本的人品和素质就成了企业最关注的方面。如果年轻人秉性诚实守信,那么以后的道路基本不会走歪,在职场上也会非常受人欢迎。

很多单位都希望招聘来的新人性格开朗,能很快地融入团队,而不是被动地等待着被别人接受。

善于交流和沟通的新人能在刚进入新环境时就主动友善地接近身边同事,在该发言的时候发言,在该表示关心的时候真诚地关心他人,嘴巴很甜,见着谁都尊敬地称呼老师,但绝不是虚情假意,更不会两面派。有什么工作也都积极肯干,并虚心地向其他前辈请教,即使做错了事情也敢于认错,还善于独立思考,善于积极提问,当然并不是刻意表现自己。如果看到这种态度积极的新人,其他同事也会很乐意去接受这种善意的亲近,并作出相应的反馈。这样大家都能更快地彼此熟悉和了解,不仅有利于你开展工作,也能让你更受欢迎。

在工作中,遇与同事意见不一致的时候,新人要尽量避免跟同事正面冲突,其实,意见相左没关系,但伤了和气就不好了,你应该心平气和地与同事探讨问题、互作让步,直至达成共识。

通常,同事之间的友情都是在工作中培养起来的,团队精神也是通过一次次磨合、理解、迁就锻炼出来的。作为新人的你,有合作的意识才能让同事接受,受同事欢迎。

俗话说,初生牛犊不怕虎,刚刚参加工作的年轻人总是迫不及待地把自己的创新想法说出来,希望得到上司和同事的认可。但实际上,工作业绩才是最好的竞争武器。作为刚入职的新人,处在一个陌生的环境中,不管你多有能耐,有多大的抱负,都要本着学习的态度,多干活少说话,切忌自作主张。

为了让自己更受欢迎，事业阶梯走得更高，你一定要谦虚诚恳地做人处事，建立良好的人际关系网络。

做人要低姿态、务实一些，这是自我保护的好方法，也会让你更受欢迎，太急于求成反而会引起同事们的反感，让你陷入困境。

作为一个职场新人，你勤快点总没有错，最忌讳的是眼高手低又懒惰。勤奋的年轻人，就算一开始工作并不顺利，但所谓勤能补拙，你也一定能很快适应环境，发展得很好，让同事欣赏你、喜欢你。

穿着太随意、上班经常迟到早退、动不动就请假、工作时间聊天上网，这些都是最不能让上司和同事容忍的。所以，新人一定要严格要求自己，早到晚走，决不轻易为自己的私事请假离岗，多注意察言观色，尽量使自己少犯错误，少出纰漏，注意你的一切表现和细节。

有的新人会对工作中的琐事不屑一顾，认为自己是堂堂的高材生，是来做大事的，而不是处理这些琐事的。但是，如果你能主动要求做些看似不起眼的琐事，则更容易融入同事圈中，得到领导或者同事的赏识，让自己受欢迎。

别看琐事不起眼，其实，做每一件事情，都是向上司或同事展示自己学识或能力的机会，你只有做好每一件事，才能获得上司和同事们的好感与信任，让自己平步青云。

在职场上，同事与同事之间的关系有可能是错综复杂的，有的是多年的老同事或老同学，有的甚至是亲戚，他们之间既有利益冲突，又有长期的感情。所以，你作为刚入职的年轻人最好不要贸然介入矛盾当中。

如果你不小心陷入是非圈了，最好的做法就是谨慎言行，不要说三道四，贸然地“伸张正义”。

如果你在工作中发现同事在某个环节出错了，请不要大嚷大叫、恨不得让所有人都知道，而是应该在私底下告诉他，这样既给足了同事面子，也能赢得同事的好感。

在职场里，大智若愚是保护自己的最佳法宝，即使你能力很强也不要锋芒毕露，这样，才会更加受欢迎。

让你更有吸引力的方法

想让自己更受欢迎，就别太拿你自己当回事。相对于故作高姿态、觉得自己很了不起的年轻人，低调、会自嘲的新人更让同事愿意亲近。在工作中，你应该敢于承认自己的问题，坦诚面对缺点。面对问题的时候，如果你能第一个抛开羞愧，主动承认问题，同事们会被你的豁达感染，觉得你非常真实，从而更加喜欢你。

凡事喜欢积极思考的年轻人总是能产生一种磁场，让同事们不知不觉地被吸引。这样的职场新人对周围充满好奇心，经常带来让同事耳目一新的讯息；在遇到问题时，也不会纠缠于问题本身，而是积极寻找解决方案，鼓舞身边的同事重新找回信心。

如果你也想让自己更加受欢迎，不妨试着激发自己的创新思维吧。敢于打破习惯，经常寻求改变是最好的办法，要相信，无论多么小的改变，都会让你慢慢产生变化，变得更爱思考。

当下的年轻人关心的似乎都是自己，哪怕同事不愿意帮他解决问题，也总是喜欢倾诉，这样便渐渐丧失了友情。其实，不妨让自己成为倾听者，多听听同事的谈话，多关心他们。如果你能慷慨地把关注力放到别人身上，同事们就没有理由不喜欢你，说不定，你还能在倾听中学到经验，帮自己解决问题呢！

善于挖掘自己身上的优点，把最好的一面展现在公众面前，会让你更加自信，也更加招人喜欢。平时生活中、工作中，要善于总结自己的优点，并把这些优点写下来，每次对自己产生怀疑时，你就试着把目光放在自己的优点上，并努力用优点改善缺点，不断完善自己。当然，在展示自己的优点时，执行比语言更加有说服力，所以，做人应该稍微低调点，在行为上显示自己的优势，而在口头上显示自己的劣势。相信，长此以往，你一定会成为公司上下最受欢迎的年轻人。

学会勇敢承担风险，才能成就大事业。如果上司给你机会，让你挑战更高的职位、更复杂的工作，你应该怎么办？首先就要告诉自己如何才能把成功几率放到最大。然后再制订计划，分别列出成和败的因素、最好和最差的后果、遇到每种情况的应对方法，尽量让所有的状况都在你的掌控之内。

记住，挑战永远都不可能是个错误，因为不管成败，你都从中学到了经验，总结了教训，让自己有所成长，有助于尽快走过职场新人时期。

在工作中，请自信而直接地表达你的想法，把“也许”“可能”这样的词汇通通抛弃，不兜圈子，尽可能直截了当的表达意见——“让我们试试这样做吧”。不要轻易否认自己的想法，认为自己是个毫无经验的职场新人，说的话肯定没有分量。要知道，如果你不说，别人永远不会知道你的想法，你也永远不可能融入集体，证明自己的存在。

想在办公室和同事打成一片，就要学会在批评一些事情时掌握分寸和方法。值得注意的是，批评要发自内心，否则会让人反感。如果你为同事的过错恼火，想当面修理他，先想想，如果有其他同事在旁边你还会这么做吗？如果不会，即说明你的批评并不客观，只是为了给他难堪。既然最终目的是让他认识到错误，就应尽量减少针对本人的指责，换之以鼓励的话。易地而处，你也更愿意接受这种方式，不是吗？

在工作中学会善用批评

在工作中，如果发现别的同事有问题，你需要指正批评时，一定要注意方法，否则，不仅难以收到积极效果，更会影响彼此之间的和谐关系，让你变得不受欢迎。

在批评前，你要知道批评只有一个目的与作用——提醒犯了错误的同事不要再犯。在人们眼里，批评常常是不好听的，其实只要拿捏得恰当，被批评的人也会欢天喜地。

年轻人在批评别人时，要注意方法，讲究艺术，学会善用批评来帮助别人改正错误，当然批评的前提是尊重他人独立的人格和尊严。

如何善用批评

批评的前提是有充足的理由和目的。在批评之前,你要确定批评的理由和批评对事态的改善是否有积极意义,也要考虑是否还有其他更好的方法,以保证批评的成效。

你在批评之前一定要对想批评的内容加以整理,以保证对方能够理解。要知道,不合情理的批评不仅无法被人接受,还会妨碍问题的解决。

批评必须在理性的基础上进行。拙劣的批评方式会诱发对方情绪性的反抗,使其失去判断的空间,有可能演变成冲突。因此你一定要有了客观的观察后再提出批评。为加强客观性,你可以采取类似的较为具体的比较,以增强说服的效果。

你切不能为了批评而批评,而要在仔细观察对方,了解其优点、缺点、成功和失败的基础上作全面考虑,然后才能找准批评的切入点,让批判发挥出最大功效。就算你要对别人的缺点进行批评,也要能够发现其优点并予以承认,才能让他人心甘情愿地接受你的批评建议。

进行批评时,要对事不对人,不可因某位同事比较容易批评就常常批评他,对难以对付的同事就采取敬而远之的态度。有必要批评时,无论对象是谁,你都要一视同仁,这种公平的态度才能博得他人的信赖,才能让你的批评产生更多的积极效应;同时,让你更受欢迎。

善于批评,关键在于对时机的把握。虽然我们提倡当事情发生时要立刻批评,但根据事态的轻重、偶发事件或是再度犯错误等不同的状态,你批评的方式也有要所不同。若是因一时疏忽而犯错,你不妨提醒对方:“喂,好好干,认真一点哦!”发出注意信号,第二次则可以用比较严厉的态度:“已经第二次了,这样会影响我们的工作进度的!”

如果是发生了较大的错误,就算不批评,当事人也会充满自责,因此切不可用“痛打落水狗”的批评方式。此时,不妨轻描淡写地说:“虽然学费有点贵,但如果能当作珍贵的教训,不再犯的话也是值得的,我们一起加油吧!”相信,这样的批评方式会产生更积极的成效。

归根到底,批评是使对方进步的手段,是一种指导方式,因此,批评过后,你也要及时观察对方,以防对方失去继续奋斗的信心。

有调查认为,对成绩优秀、能力强的人来说,批评比表扬更具效果。像“不要为这点成绩感到满足,你的能力不止于此,要更上一层楼”或“以你的能力做出这样的成绩一点也不足为奇,要向更高的目标挑战”等,都能激励资深者更上一层楼。

当他人犯错误时,你不要光批评他人,也要学会自我反省。如果发现是自己的错误,要及时向他人致歉,以培养出他人自己的信赖,加固彼此的友情。

批评要讲究时效性,该批评时就批评,不能犹豫不决。

学会善于批评能使他人发现错误,反省过失,记取教训,努力防范,避免重蹈覆辙。因此,你要学会善于批评,将批评的效应最大化。

当然,在批评时你要做到对事不对人。对人要温和,对工作则必须严格,对工作严格是为了提高彼此的能力,对人温和则是为了营造更和谐的氛围,令大家携手共同成长,让你更加受欢迎。

批评同事时应注意

犯错误是每个人都难免的,批评也随时随地存在着,但若是想让批评产生预期的效果,并且更易让对方接受批评而不结怨,就要注意以下的几点方式方法了。

在批评别人时,你首先要明确自己批评的动机和目的。批评他人的目的无非是帮助对方改变他错误的观点、方法、言论和行动,而不是激怒对方、压倒对方、打击对方,清楚这个目的后,你就能在理智的指引下选择合适的批评方式了,这样批评就有针对性了。

批评别人时，你要先从赞扬和友善入手，在批评纠正别人之前，先谈谈别人的优点，借此表明自己的真诚，从而打开对方的心扉，继而再提出你的批评意见，这样对方比较容易接受。

批评他人时，对时机、场所的选择至关重要。你一定要注意场合，纠正人、批评人，最好是在没有第三者的情况下进行，否则，再温和的批评也有可能会刺激对方，让其觉得颜面全无。这样，你期望对方改变的目的就落空了，甚至还会影响两人的感情，让你不受欢迎。

以拉家常的方式开场能够帮助你建立一种友好、温馨的气氛，这种气氛有助于使对方认识到你的批评不是在攻击他，而是在提意见。一个“正在受批评”的人最自然的反应就是准备保护他的自我，而以拉家常的方式开场的批评能让其卸下防备，这样批评的效果自然而然就产生了。

在告诉同事什么地方做错了后，你也应该告诉他怎样做才是正确的。要知道，批评的重点不在对方犯的错误上，而在于如何改进，避免日后出现类似的错误。

如果想通过批评让同事对一个已知的过错引起注意，那么一次批评就足够了，完全没有必要重复。要记住，要想使你的批评目的达成，那就要去帮助同事改正错误，总是反复把同事的错误翻出来并且唠唠叨叨地讲个没完，这种做法完全是愚蠢和无效的，甚至会产生恶劣的影响。

在批评同事时，你除了要尊重对方，客观、准确地指出对方的错误外，还要用委婉的语言来进行批评。切记，你在纠正别人、批评别人时，不能主观命令、夸大其词，更不能用生硬直白的语言，在一个问题上喋喋不休。例如，“你必须听我的，改变那种做法，否则……”这种命令威吓很难使人心服口服。试着多用“这种做法不符合上面的规定，会带来很多麻烦，你看这样做是不是更好些”这类的表达方式，渐渐地，你在他人心中的形象便中肯起来了，他人也会更容易接受你的建议。

有时候，许多善意但措辞不当的批评往往会造成“好心不得好报”的后果，导致同事怨恨你，所以，你在批评、纠正同事时，要先思考一番，不要想到什么说什么，逞一时之快，而是要先暂停一下，想一想如何能更客观、更准确、更婉转地实现自己的目的。

方法得当的批评往往会使人信服，达到事半功倍的效果，而不当的批评则会让人产生反感、抵触的情绪，以至于达不到批评的真正目的。所以，你一定要讲究批评时应注意的事项，让自己的形象更加健康，让自己更加受欢迎。

学会倾听他人心声

在工作中，学会倾听同事的心声能让你更受欢迎，是你与同事建立信任关系的最好方法之一，因此我们要多花点时间听听同事的心在说什么。学会倾听同事的心声是非常重要的，而且你要学会耐心地倾听，认真倾听他的回答，体会他真心需要的是什么样的回答和帮助。

同事有什么样的问题和心思，应该让他自己告诉你，这就需要你花时间去听同事的需要。缺乏社会经验的年轻人总认为，要想帮助同事排解，就要自己滔滔不绝地去讲，事实上，这种观念是片面的。注意倾听同事的心声，你才能从中了解到他真正的关注点所在，并及时在大脑中完成信息检索，为他提供合适的回答，真正帮助他排解问题。

要想做一个好的倾听者，仅注意力集中还不够，还要对同事表现出关注：眼睛要看着同事，微笑着，时不时地点头示意，根据情况适当提一两个问题，这些才能说明你在认真倾听，且非常有兴趣。

在听同事谈话时，你要有耐性，要听完其发言后，再发表意见。有的年轻人在听同事讲话时半张着嘴，或是还没有等同事把话说完就匆忙下结论，这都是不好的表现。在交流中，不管同事说什么，我们都不要打断他们的话，应该让其畅所欲言，充分表达自己的想法。

常常，同事会在谈话中忽然停顿下来，但这并不表示他把自己的想法说完了，他是在思考接下来要说什么。这时，你也不宜插话，要给时间让同事充分思考，以让其在宽松的环境中考虑清楚。

为了让同事知道你是在认真地听他说话，也为了鼓励他继续说下去，你可以用眼神或简单的暗示表示，如“我明白你的意思”，“这种看法是正确的”,“我明白了”等,以便向同事表明你的立场和态度。

真诚的倾听是你对同事的一种体贴、一种安慰,它不但可以让友情继续进行,还可以让对方得到一种心理上的满足,对你更加信任和关注。

注意倾听的举止礼仪

“听”在工作交往中是非常重要的,因此善于倾听便成了年轻人在职场人际交往中一项非常重要的技能。而掌握倾听的礼仪则能为你的这门技能插上腾飞的翅膀,起到意想不到的效果。

心理学家发现,越是善于倾听他人意见的人,他的社会关系便会越融洽,朋友也会越来越多,且更加受欢迎。因为倾听本身就是一种无声的赞美,它是褒奖对方谈话的一种方式。如果你能耐心地倾听对方的谈话,就等于肯定了对方讲述的内容,告诉了对方,“你是一个值得我认真倾听的人”。

学会倾听,倾听他人的心声是你必须具备的一种美德和一种职场技能。你要想与同事融洽相处,就必须先学会怎样去倾听,并注重倾听的礼仪。在同事谈话的时候去插嘴,这是一种最大的冒犯。那么,在倾听的过程中,你要掌握一些怎样的礼仪,才能展示自己的涵养呢?

(1)保持冷静的心态,不要受到其他事物的影响。

(2)眼神要专注,学会用眼神表达内心想法。

(3)倾听他人的环境最好比较安静,这样可以减少外界的干扰。

(4)面带微笑,让对方感到轻松自如,而不是拘谨、难堪。

(5)不要挑对方的毛病,或是当场提出自己的批判性意见,更不要与对方争论,尽量避免使用否定别人的回答或评论式的回答,如“不可能”“我不同意”“我可不这样想”“我认为不该这样”等。学会调整心态,站在对方的立场去倾听,努力理解对方说的每一句话,必要时可以对他人的话进行重复,反复理解其中的含义。

(6)少讲多听,不随意打断他人的讲话,尊重对方表达的意愿。

(7)倾听的过程当中要运用表情等非语言传播手段来表示自己在认真倾听。尽可能以柔和的目光注视着对方,并通过点头、微笑等方式及时对对方的谈话作出反应。

(8)如果对对方谈到的内容比较感兴趣,可以先点点头,然后简单地表明自己的态度,最后再说“请接着说下去”“这件事你觉得怎么样”“还有其他事情吗”等,这样会使对方谈兴更浓,而你也能从中学到更多的东西。

（9）专注倾听对方说的内容，最好能够在对方讲完后简单地复述一遍，这样可以让对方感到被认真倾听，同时也确保你理解了对方所讲的内容，能更直观地增强谈话效果。

（10）若是对对方的谈话不感兴趣，可以委婉地转换话题，比如，“我想我们是不是可以谈一下关于……的问题”等，切记用语要委婉，不能让对方太难堪。

工作中，许多职场新人非常善于表达自己，却不懂得倾听他人，甚至不愿意倾听他人的建议和忠告。有些年轻人在听他人讲话时往往表现得心不在焉，或左顾右盼，或处理他事，或摆弄东西，或不时走动，殊不知这种方式最容易伤害对方的自尊，使说话的人觉得自己不被尊重，因此而不愿再讲，更不愿讲心里话，以至于影响到双方的关系，使得你无法在与人的交往中体现出自己的真诚。

要知道，谈话是相互的过程，任何人都不可能总是处于说的位置。要使谈话能顺利进行，你就必须善于倾听他人的谈话。因此，在工作中，与同事交往，你不仅要理解他人的情绪，更要学会切身去感受和体验同事的情绪。在同事愉快时，便同他一齐分享快乐；在同事痛苦、失落时，便同他一齐分担忧愁和压力，这种用心与人交往的表现必然会赢得他人的好感，让你更加受欢迎。

善于倾听的好处是能够帮助你及时地把握同事的信息，弥补自己的不足，不断完善自己，而且能够让同事产生被尊重的感觉，加深彼此的感情，有利于你的职场人际交往，若是你再拥有良好的倾听礼仪，则更是能为你的公众形象锦上添花！

建立良好的人际互动

在工作中，建立良好的人际互动，得到同事的尊重，无疑会让你更受欢迎，同时，对你的生存和发展也大有裨益。

在工作中，因考虑问题的角度和处理的方式的不同，你难免会令其对上司所作出的一些决定有不同意见，甚至是牢骚。这时，你切不可到处宣泄，如果让上司听到了，便成了让他生气和难堪的话了，难免会令其对你产生不好的看法，影响你未来的发展。

最好的方法就是在恰当的时候直接找上司，向其表示你自己的意见，当然最好要根据上司的性格和脾气用其能接受的语言表述，这样效果会更好些。不然，随便发泄，让上司听到了，那么你就是再努力工作，做出了不错的成绩，也很难得到上司的赏识，会对你的发展产生极为不利的影响。直接找上司谈话，他感受到你的尊重和信任，对你也会多些信任，并且认为你爱思考、识大体，从而更加喜欢你。

比你资历久的同事，相对来说会比你积累更多的经验，处理问题时，你不妨聆听他们的见解，从他们的言谈间寻找可以借鉴的地方，这样不仅可以帮助你自己少走弯路，更会让他们感到你对他们的尊重，让他们更喜欢你。

最好主动去关心帮助遇到问题的同事，在他们最需要得到帮助之时，伸出援助之手，往往会让他们铭记终生，打心眼里深深地感激你，并且在今后的工作中更主动地配合和帮助你，于公于私都更加喜欢你。

有一些年轻人和同事之间无法良好互动，是因为过于计较自己的利益，时间一长，难免会惹起同事们的反感，无法得到大家的尊重和喜欢。事实上，这些“好处”未必能带给你多少发展优势，有时候反而会让你失去良好的人际关系。所以，对那些细小的、不大影响自己前程的“好处”，多一些谦让，这种豁达的态度无疑会赢得同事的好感，增添你的人格魅力，让你获得更多的好感和受欢迎度。

工作中，要随时保持乐观的心境，让自己变得幽默起来，因为乐观和幽默可以消除彼此之间的敌意，更能营造一种亲近的人际氛围，并且有助于你自己和他人变得轻松，消除了工作中的劳累，让同事因为你而更加快乐。

安于本分，做个好下属

作为一个职场新人，你千万不要过于关心上司的工作内容，不要过于注意上司的工作量，不要过于热心于上司的错误，更不要与上司攀比薪酬。你最需要负责任的人是你自己而非其他人。

刚踏入社会，你要懂得摆正位置。上司就是上司，须知任何一位上司的威严都是不可撼动的，上司没有义务同时也没有必要让你知道他的工作内容，而通常他们比你承担了更多的责任与风险，创造了更大的价值与财富。

此外，你要知道安于本分。这里的“本分”也就是指本职工作。只有做好了自己的事，才有资格品评别人做的事；只有尽到了应尽的责任，才有可能被赋予更多的责任；只有做好了分内的事，才有能力做分外的事。

职场中，有的新人会因觉得自己所做的工作过于简单而去关注别人的工作。而简单只是事物的外表，内涵则是长时间的单调训练，因为熟才可生巧，巧才相对而言简单。然而，工作中的多少过失，就是因为看上去简单而造成的。把每一件简单的事情做好即为不简单！对自己都无从负责的人，任谁都无法信任，也无法付予更多的责任。

为上司排忧解难

职场新人不要成为上司眼中无关紧要的人，不要成为上司身上的累赘，更不要成为上司工作中的绊脚石。为上司排忧解难是新人的职责所在，否则对上司来说你的存在将失去实质意义。

成为无关紧要的人就意味着随时可能被炒掉；成为累赘就意味着丢掉你这个包裹将做得更好；成为绊脚石就意味着上司会找各种机会把你除掉。而避免这三种结果的关键点就是你能否为上司排忧解难，助以一臂之力。

虽然并非每一个职场新人都可以成为上司的得力助手，但如果成为得力助手，则意味着上司对其能力的认可，被认可的同时又将继续得到更多的、优先于其他同事的锻炼及表现的机会。当然，这就有可能成为走向成功的一个支点。

让上司赏识，与上司保持一致

能得到自己的上司的欣赏，是职场新人的幸运，所以学会与上司相处，让其欣赏你的才华，营造双赢局面，是每位职场新人的“必修课”。

你无论同谁相处，都会存在差异，因为没有任何两个人的思维是一模一样的，所以别期待别人都跟你有一模一样的想法，尤其是你的上司。那么当上司同你意见相左时，你是选择坚持己见，还是服从？

明智的选择是与你的上司保持一致，因为有些事情是一定要向你的上司请示并且按照其想法去做的。在职场生活中，服从、高效地执行上司的想法，往往是得到上司赏识的最重要的一点。

此外，对刚入职场的年轻人来说，了解上司的核心价值观，才能知进退，创造双赢互动。每个人都有自己最在意的价值观，这些信念构成了每个人的内在思想基础，心理学称之为"核心价值观"，如"守时、诚信"等。这些核心价值观不容易妥协，往往也是最容易引爆情绪的原因。对此，职场年轻人要多和同事们交谈，并培养敏锐的观察力，找出上司的核心价值观。

你还要试着剖析自己，找出自己的工作风格，比较一下自己和上司之间有哪些共性、哪些不同，并调整自己的工作态度来与上司保持一致。当然，你在了解上司的同时，也要让上司真正地了解你。上司只有充分地了解你只有后，才能给你机会，把握好机会，你才能有机会得到上司的赏识。至于对上司的不满，留着在家发泄吧。

开阔思路，深谋全局

刚踏入社会的年轻人不要表现得鼠目寸光，不要表现得急功近利，更不要表现得自私自利。"天下熙熙皆为利来，天下攘攘皆为利往"这句话对于你并不陌生，企业既是经济实体同时也是利益的结合体，利润是每一位上司的追逐目标，也是企业的追逐目标。

不要与上司争夺利益，因为败下阵来的注定是你。识实务不是懦弱而是明智，谋全局不是退让而是智慧。人因有智慧才可塑，因谋全局才可以付以重任。做"有价值的人"在职场才不会被淘汰出局！

每个年轻人都有其自身的价值，但在职场，某种程度上来说，上司认为你有"价值"，你才真的有"价值"，因为他把握着你施展才能的机会。在职场上，你的价值绝不是由你自己认定的，更多的是由你的上司来评判，看看绩效考核的评分比重，再看看晋升审批表上的评语，其中道理不言而喻。深谋全局、大智大勇才会让你不断增值，为上司所用，为企业所用。

建立忠诚度比什么都重要

职场新人不要没有立场，不要捉摸不定，不要朝三暮四，更不要疑窦丛生。忠诚大于能力，没有上司愿意引狼入室。

职场中蓄势、造势多在于己，而运势多在于上司。企业中得运势者，多为上司的“心腹”。无论是同事间还是上下级间，信任是人与人共事的基础前提。上司越信任你，就越肯给你机会，越敢赋予你任务。

上司在某种程度上就是你职业道路上的一部阶梯，送你、伴随你一路高升，而登上这部阶梯的前提就是必须让上司“信任”你。在现实的企业用人过程中，忠诚不等于能力，但在某种程度上大于能力。

现代的企业管理可以考核一个员工的能力，却无法考核一个员工的忠诚。当“忠诚”出现在上司与你之间时，不可避免夹杂其中的还有个人情感，而信任就是这私人感情的重要来源。

上司交代的工作，马上落实

对于上司交代的工作，你要马上应承下来，并冷静、迅速地作出这样的回应：“好的，我领会您的意思了，马上就去办妥。”

快速的回答会让上司感觉你是一个工作讲效率、处理问题果断，并且服从上司管理的好下属。如果你犹豫不决、磨磨蹭蹭，只会让上司不快，并留下优柔寡断、办事效率低下的印象。

另外，如果在工作中出现了错误，要善于承认过失，勇于承认自己的过失很重要，推卸责任只会使你错上加错。当然，承认过失也不要把所有的错误都承认下来，也要肯定自己在执行过程中对的方面。

身在职场，被上司批评是不可避免的。面对上司的批评或责难，不管自己有没有不当之处，都不要将不满写在脸上，而是要真诚地说“谢谢你告诉我，我会仔细考虑你的建议的”。让上司知道你已了解自己的错误犯在什么地方。承认错误时，我们也不能一味奉承，要保持不卑不亢的态度，这样才能让上司觉得我们自信、稳重，从而更加赏识我们。

给上司送礼拿捏分寸

虽说职场上都是要靠本事吃饭，但就算你再有本事，也需要上司赏识你，给你机会，你才能发挥出自己的价值。现如今，由于生活节奏加快，人们之间的感情日渐淡薄，加之为避免瓜田李下，许多职场新人都不敢给上司送礼。其实，送礼是非常正常的“礼尚往来”之举，意在沟通联络。特别是节日到来时，你可以给上司送点礼物以感谢其对自己的帮助。所谓礼，并非局限于礼品，更多是礼仪的意思，相互拜访、聚会、送礼品等都可以归入送礼的范畴。

当然，给上司送礼，你一定要考虑到公司的礼仪文化。若是公司同事之间除了工作协作之外没有任何私人交往，则可以发送电子贺卡以表达对上司的感谢；若公司同事之间常在一块吃午餐，偶尔聚会，则可以送一些精心挑选的小礼品以表达对上司的感谢；若公司的同事之间联系甚密，工作后常互相走访，结伴逛街，则可以直接到家中拜访以表达对上司的感谢。

向上司送礼重在表达自己的感谢，是一种感情和意义上的互通交融。至于礼物轻重、何种形式都不重要，能表达自己的心意就好。在给上司送礼时，还要注意与之交流未来的工作和以往自己工作中的不足，让其提点提点，以帮助你成长。这样不仅能加深感情，还为你今后努力的方向提供了借鉴和参考。实际上，哪怕你的礼品并不贵重，你也表达了对上司个人的真挚和关切，如此，你一定会给对方留下好印象，而上司在工作中也将更加关注你。如果你把握了这些“关注”的机会，令上司赏识还不是易如反掌？

强调合作，用微笑感动同事

每个上司都希望自己的下属之间关系融洽，能良好合作，然而，合作精神与团队意识是你与同事们在工作中一次次磨合、理解、迁就磨炼而成的。每个人的思维都不相同，工作中意见相左很正常，如何平心静气地探讨问题，谋求彼此合作，寻找到最佳解决方案，直至达成共识，是你不断适应职场的过程，也是心态不断成熟的过程。

笑容是亲和力的象征。经常微笑不仅能够展示自己的自信，也向上司和同事传递了一个积极的心态。喜欢微笑的职场新人在职场上获得成功的机会总是比其他人多，所以，学会微笑，能帮你尽快适应职场。

去喜欢他人

1. 和人打招呼时不要立刻微笑。慢慢地、轻轻地微笑，让对方感到这是他独享的待遇，不要让别人认为你在遇见每个人时都会自动微笑。

2. 让别人有机会表达自己。专心聆听有趣的谈话并努力理解这些谈话。如果你没有认真倾听别人的答案，就不要问那么多问题或是随便苟同别人所说的任何话。否则会让你显得极不真诚。

3. 谈话的语速和内容的多少要与他人保持一致。尽量使用他人的语言会使沟通变得更加简单。避免使用不自然的话语或手势。学会适应不同的环境和不同的人，但不要压抑真正的自我。

4. 观察一些社交性线索。职业心理学高级讲师桑迪·曼恩博士如是说：人们是否在避免跟你进行眼神交流，或者看起来非常无聊？如果的确如此，请检查一下你是否在向人们传递积极的回应。说话不要太快，不要只谈论你自己，或者用一些无聊的琐事轰炸你的听众。

5. 你的身体就像一块磁铁：对于你所喜欢的人，你会把身体挪向他；而对于不喜欢的人，你会挪开身体。你可以将身体稍微斜向对方，但不必靠得太近。如果他人将身体靠近你，你也不要明显往后退。如果他们缓慢移开，那你就不要随之移动跟进。

受欢迎指数测试

当你和恋人在吵架时，对方突然打了你一巴掌，你的下一个动作会是什么？

A. 破口大骂

B. 呆住，反问他为什么

C. 歇斯底里地乱捶他

D. 回打他一巴掌

解析：

A. "过街老鼠人人喊打型"，你的讨厌指数 99%。在这个世界上只有一个人喜欢你，而那个人就是你自己。别怪我说得直接，你的脾气太过火爆了，快收敛一下吧。

B. "人见人爱的小甜甜"，你的讨厌指数 20%。很多人都喜欢你可爱乖巧的性格，说到底，你一点都不讨人厌。

C. "天上掉下来的礼物型"，你的讨厌指数 80%。当别人收到你这个"礼物"的同时，周围同事还要小心被砸到头。

D. "对冲讨厌型"，你的讨厌指数 40%。其实这真的不能怪你，如果你和别人发生冲突通常怨不得你，而是因为对方不够冷静，才会讨厌你。

你是职场中的讨厌鬼，还是万人迷

1. 你是否喜欢谈起或者参与到关于其他同事隐私和公司传闻的谈话中？

A. 经常，因为办公室里很多人都说。

B. 有时候会，看自己忙不忙。

C. 从来不会，这种事情少说为妙。

2. 你是否因为还没有记住同事或者上司的名字，便故意避开不打招呼？

A. 经常，想不起别人的名字太尴尬。

B. 有时候会，次数不多。

C. 从来不会，即使记不住，微笑点头也是必需的。

3. 你是否因对新公司或者老板不满意或者因为工作压力太大而向别人抱怨？

A. 经常，一吐为快。

B. 有时候会，偶尔向要好的同事说说。

C. 从来不会，除非跟家人。

4. 你是否总是跟年纪较大的员工寡言少语，却和同辈人相谈甚欢？

A. 经常。

B. 有时候会。

C. 从来不会。

5. 你是否经常说一些没有把握的话，如当面夸口能独立完成一件工作，最后又常常需要别人帮忙？

A. 经常。

B. 有时候会。

C. 从来不会。

6. 你是否不太愿意参加公司或者同事组织的活动，即使参加了也觉得兴趣不大？

A. 经常，我很少参加这类活动。

B. 有时候会，比如碰到自己不喜欢的同事。

C. 从来不会，我总是喜欢跟大家一起玩。

7. 你是否曾经有过遇到难处不愿意向不太熟的同事请教，凭感觉做事导致出错连累他人的情况?

A. 有。

B. 偶尔,不多。

C. 从来不会。

8. 中午同事们起身去吃饭时是不是经常会主动招呼你一起?

A. 通常没有。

B. 有时候会。

C. 经常。

9. 你在跟上司谈话时,是否会经常谈到你同事的工作表现?

A. 经常。

B. 有时候会。

C. 从来不会。

10. 你常常被同事夸奖衣服漂亮或打扮得体么?

A. 很少,几乎没有。

B. 偶尔有过几次。

C. 经常。

评分规则:

把各题得分相加一下,选 A 的 1 分,选 B 的 3 分,选 C 得 5 分。

解析:

10 ~20 分:你的人缘不是很好,需要改进自己的为人处世方式了,恐怕你需要反思一下,否则即使工作能力再强怕也难以得到同事的认同和领导的赏识。

21 ~40 分:你已经较好地适应了公司的环境,能够和同事融洽相处,但是还有一些地方需要提高,这样会让你受益匪浅。

41 ~50 分:恭喜你,你的人缘不错,基本上属于“万人迷”,同事们都喜欢和你相处,继续努力。

第❾章

职业规划：走好每一步，迈好关键几步

★★★ ★★★

对刚入职场的年轻人来说，一份行之有效的职业生涯规划，将会引导你正确认识自身的个性特质、现有与潜在的资源优势，帮助你重新对自己的价值进行定位并使其持续增值；引导你对自己的综合优势与劣势进行对比分析，使你树立明确的职业发展目标与职业理想；引导你评估个人目标与现实之间的差距；引导你前瞻与实际相结合的职业定位，搜索或发现新的或有潜力的职业机会；使你学会运用科学的方法采取可行的步骤与措施，不断增强你的职业竞争力，实现自己的职业目标与理想。

明确的职业规划是年轻人刚展开职业之路时的一盏明灯，所以你一定要学会先作好职业生涯规划，磨刀不误砍柴工，只有有了清晰的认识与明确的目标之后，你才能更好地付诸实践，释放你的全部潜能，早日抵达梦想的乐园。

明确的职业规划带你成功

成功的职场风云人物都会以一个具体而明确的职业规划为基础，全力以赴，竭尽所能。如果没有明确的职业规划，当你遇到挫折的时候，就很容易气馁，让曾经的所有努力都荒废。有了明确的职业规划，才能凝聚内心的力量开始工作，否则，漫无目标的努力或漂荡不仅会浪费资源，还会让你迷失发展的方向，而你心中那座无价的金矿，也会因得不到开采而无法绽放光华。

对于刚开始为自己前途拼搏的年轻人而言，在学校的成绩和现在的情况并不重要，你将来想获得什么成就才是最重要的。有明确的职业规划才会成功，如果你对未来没有规划、没有设计，就做不出什么大事来。

明确的职场规划是努力的依据，也是对自己的鞭策，决定着个人职业生涯的行动导向和对机遇的把握，从长远来看，更是为自己的职场发展设立一个看得见的射击靶。没有明确的职业规划，就不可能采取任何步骤，也不可能发生任何事情，因为明确的职业规划是对于所期望成就的事业的真正决心。

职业规划把握定位是关键

规划职业生涯时，应充分考虑个人、环境、职业与成功的事业生涯之间的关系。应遵循以下步骤认真思考。

俗话说："志不立，天下无可成之事。"志向是你的理想、胸怀、情趣和价值观的反映，对你的奋斗目标及所取得的成就有相当大的影响。所以，在你制订职业规划时，首先要知道自己的志向何在，这是制订职业生涯规划的关键，也是你的职业生涯确立的目标。

只有真正了解自己，能全面地认识自己，了解自己的兴趣、特长、性格、常识、技能、智商、情商、思维方式、思维方法、道德水准等，才能对自己的职业作出正确的选择和规划，才能选定适合自己发展的职业生涯路线，才能对自己的职业生涯目标作出最佳抉择，才能对自己的职业生涯做出最明智的规划。

我们每个人的生存和发展都处在一定的环境之中，离开了这个环境，便无法伸展。所以，在你刚走入社会，开始制定个人的职业生涯规划时，要分析环境条件的特点、环境的发展变化情况、自己与环境的关系、自己在这个环境中的地位、环境对自己提出的要求以及环境对自己的有利条件与不利条件等。只有对这些环境因素充分了解，才能知道自己是否适合这个环境，是否能在这个环境中如鱼得水，施展自己的才华，让青春和生命有意义。

正如“女怕嫁错郎，男怕选错行”所说，职业选择正确与否，直接关系到人生事业的成功与失败。那如何才能选择正确的职业呢？你至少应该考虑这几点：性格与职业是否匹配、兴趣与职业是否匹配、特长与职业是否匹配、内外环境与职业是否适应。

选择好适合的职业之后，就要思考自己到底应向哪一路线发展，也就是，是向行政管理路线发展，还是向专业技术路线发展；是先向技术路线发展，再转向行政管理路线；还是先向行政管理发展，再转向技术路线……因为你选择的发展路线不同，对职业规划的要求也不相同。因此，在职业生涯规划中，你必须作出抉择，以使自己少走弯路。

一般说来，选择职业生涯的路线必须考虑这几个问题：你喜欢往哪一路线发展？在现实条件的制约下，你能往哪一路线发展？你可以往哪一路线发展？

职业规划的核心即为职业生涯目标的设定，这也关系到你事业的成败。因为只有树立了目标，才能明确奋斗方向。其设定是以自己的最佳才能、最优性格、最大兴趣、最有利的环境等信息为依据，分为短期目标、中期目标、长期目标和人生目标去逐一实现。

分段定位职业规划最明智

在你制定职业规划时，不妨将你的职业生涯历程简单地划分为六大阶段，这样，你才能更加清晰地认识到要由一个职场新人成为一个优秀职场人士需要迈过几道坎儿、积累多少阅历。

这个阶段如果你喜欢你所在的工作岗位，就需要加倍努力；如果你不喜欢你所在的工作岗位，则要谨慎选择，不过最好不要在这时候换工作，因为求职单位往往认为这个阶段的年轻人是最“青黄不接”的阶段，不太安定。相反，如果这段时间你较为本分，你往往能够积累到你一生中第一次“从学习迈向工作”时段内宝贵的工作技能和坦然的就业心态。

一旦你耐心地度过了上述“毛躁而动荡的”阶段，你便马上迎来了“职业塑造”阶段。这个阶段是你开始发挥特长的时期，因为你已经经过了几年的磨练，不但能熟练地掌握当前从事的工作，还能明确自己的职业性格，知道自己的特长和不足。

这个时候要尽量弥补自己的不足，千万不要妄想试图去弥补你个性特征方面的技能缺陷，因为你的性格和特长都已经基本形成。正确的做法就是要扬长避短，通过合理调整和矫正来实现事业的发展：在你工作的相关领域先适当地改换一下工作方式，比如在同一个公司内部的不同部门适当进行换岗；如果发现你的性格和特长与现有工作偏差太大，那么一定要当机立断马上改行，选择你最适合做的行业，然后坚定地走下去。只有在这种正确态度的指引下，才能有一个像样的发展路径。同时，要善于发展自己的业余爱好，使你的业余生活过得很充实，并以此开发出生财之道。

这个阶段的你，随着对自身优劣势及性格特点的日渐明晰和不断的实践锻炼，渐渐地已经走到了“职业锁定阶段”。这时候随着你自然年龄的增加和工作年龄的成熟，你不自觉地开始认定“我就是干这一行的”了。

不过，在这个阶段，即便是已经暂时“锁定”了你的职业种类，也千万不可每天得过且过，还是要勤奋地不断寻求自我突破，逼迫自己不断跨越新的高度。

要想职业生涯的每一天都过得掷地有声、没有虚度，就要在每一步操作中不断学习、不断总结和不断修正，不断地回顾自己走过的发展道路并能够客观公正地总结出经验教训，再据此来制定未来的正确目标，并不断修正下一步的发展方向和职业规划。

对于这个阶段的你而言，“职业”一词已经悄然过渡为“事业”一词了。这意味着你开始从“职业阶段”中的技能、经验及资金积累走向到“人生事业”的开拓阶段。可能你仍然保持着原来的状态，仍然是每天在为“上司”而奔波，但年龄和阅历已经将你推向了事业发展的起跑线。

这个阶段，你的家庭、所处的社会环境、所在的社会地位开始逼迫你为他们着想，你的事业心和成就感都决定了你要开始考虑自我了，就像结婚前你挣钱只为自己花，而结婚后挣了钱却总要先想着家庭一样。

在这个阶段，你所需要的是如何使你的事业能够在平稳的过程中持续上升。要做到这点，你仍然要去不断地观察、了解市场，不能有丝毫的松懈，可能你会感觉很累、很辛苦，但在社会上摸索了这么久，自然能游刃有余地处理一切了。

这个时候应该是你事业的巅峰阶段，曾经的一切豪言壮语都有可能变成现实，当然这一切的实现就是要你在前面的几个阶段表现都非常努力。

这个时候的你，如果没有激流勇退，那么将成为稳操企业大盘的中流砥柱。当然，更多的时候你可以功成身退，安享美好的晚年生活了。

《《《 成功者要具备的素质商数 》》》

所谓的素质是指人的某些方面的本质特征，它是在人的先天基础上经过后来环境的影响和自我主观的努力，通过内化而逐步塑造沉淀的个性特征。就目前职场形势分析，成为一个职场成功人士需要具备这些素质：

智力商数——测评一个人的基本依据。一般本科生的平均智商为110，普通人在100左右。

情绪商数——一个人的做事态度，一个人的情绪管理能力，即为一个人处理人际关系的能力、沟通能力和乐观精神。它直接影响人的行为取向和工作效率。

逆境商数——逆境所表现出来的超越能力。但凡成就事业者，除了客观条件外，关键的决定因素是其顽强的意志力。只有不断增强自己应对逆境的心态，才能创造出属于自己的辉煌。

学习商数——能够持续学习的能力。成功的职场人士不仅要具备各种基础知识，还要学会怎样学习不断更新的知识及学习方法，以适应飞速发展的社会。

创造商数——激发人的智慧潜能，培养人的创造性思维。科学家研究证明，人的大脑具有巨大潜能，它还远远没有得到开发。如果能激发自身的潜能，在职场上便更具有竞争力，更能超越他人。

如何进行有效的职业规划

1. 必须在充分、正确地认识自身的条件与相关环境的基础上进行。

2. 需要切实可行的目标，以便排除不必要的犹豫和干扰，全心致力于目标的实现。

3. 需要有确实能够执行的职场目标和策略，这些具体且可行性较强的行动方案会帮助你一步一步走向成功，实现目标。

4. 不断地反省修正职业生涯目标，以能适应环境的改变。

清晰自己适合的职业类型

技术型：这类职业定位的人出于自身个性与爱好考虑，往往并不愿意从事管理工作，而是愿意在自己所处的专业技术领域发展。

管理型：这类职业定位的人有强烈的愿望去做管理人员，不过，要成为高阶管理人士的要求非常高——具备杰出的分析能力：在信息不充分或情况不确定时，判断、分析、解决问题的能力；优秀的人际关系处理能力：影响、监督、领导、应对与控制各级人员的能力；极强的情绪控制力：有能力在面对危急事件时，不沮丧、不气馁，并且有能力承担重大的责任。

创造型：这类职业定位的人需要建立完全属于自己的东西，或是以自己名字命名的产品或工艺，或是自己的公司，或是能反映个人成就的私人财产。他们认为只有这些，才能体现自己的才干，实现自己的价值。

自由独立型：这类职业定位的人更喜欢独来独往，不愿像在大公司里那样彼此依赖，很多有这种职业定位的人同时也有相当高的技术型职业定位。但是他们不同于那些纯技术型定位的人，他们宁愿做一名咨询人员，或是独立从业，或是与他人合伙开业。

安全型：这类职业定位的人最关心的是职业的长期稳定性与安全性，他们愿意为了安定的工作、可观的收入、优越的福利与养老制度等付出努力。

当然，这些分类也无好坏之分，每种不同的职业类型在职场中占据不同的位置，有利于刚踏入职场的你更好地认识自己。只有了解自己适合哪种类型的职业，才能进一步了解职业种类、特点、性质和要求；了解该职业发展前景等，并据此重新思考自己的职业生涯，设定切实可行的职业规划。

职业规划的十条黄金法则

1. 无论你现在或将来从事的职业是什么，一定要对自己的职业认真敬业、勇承重担、兢兢业业、恪守职德，这一点务必牢记于心。

2. 建立和谐融洽的人际关系，与同事间人际关系融洽有利于提高工作效率，令上司更加欣赏你。

3. 优化交际技能。良好的交际能力可为你的谋职就业提高成功概率。

4. 善于发现变化并适应变化。不管周围环境及人生哪一阶段出现何样的变化，都应该善于发现其中的各种机遇并驾驭这些机遇。不管这种变化是好还是坏，都要认真审视认真预测，因为目前或将来从事的职业可能与此密切相关，各种机遇可能正包含在其中。

5. 要灵活。未来，你有可能经常转换职业角色，所以你要善于灵活地从一个角色迅速转换到另一个角色，才能适应环境和职业的变化。

6. 善于学用新技术。在当今时代，欲获成功也必须不断学用并掌握新技术技能。

7. 要舍得花钱、花时间学习各种指南性知识简介。指南性知识简介可能是预探新领域“深度”的最简便易行之方法。

8. 摒弃各种错误观念。当考虑某新职业或新产业时，观念一定要更新，以防被错误思维误导。

9. 选择就业单位时事前应多做摸底研究。要到一家公司求职前，必须要多下点力气去研究这家公司，不妨事先多去几次这家公司的接待处同有关招待人员周旋，侧面了解该公司的规范、行为、准则等事项；也可阅读有关该公司的公开财务账表；还可到邻近该公司的饭店向饭店服务人员侧面了解一些有关该公司职员们的情况。

10. 不断开拓进取、不断开发新技能。当下复杂的社会，不仅需求专业化知识，同时还需求通用化及灵活的技能。为未来职业考虑，绝不应只专心研究某一种专业知识，还应同时看看这种专业知识在未来社会是否还将为人们所需求。一般说来，以长远眼光看问题，多掌握几种技能会对你更加有利。

年轻人如何提高工作效率

刚入职的年轻人总是会抱怨自己的工作效率不高,甚至会影响日后的工作心态,那么到底是哪些因素导致新人的工作效率低下呢?

由于对工作的陌生、没有社会经验,职场年轻人即使在完全了解了本职位的工作技能、岗位的需要后,仍然不能熟练地胜任工作。此外,又因为竞争压力大,新人们总是希望多掌握技术,多学点东西,这也容易造成"什么都知道,但什么都不精"的局面,直接致使职场新人在职场上的各种技能均不熟练,而无法加快工作速度,提高工作成绩。

对此,你应该及早地确立自己的职业导向,将自己在某几个方面的能力迅速提高,保证"术业有专攻",使得自己在该方面的实务能力提高到最大,因而能尽快熟练地胜任工作。

经过大学自由的学习,职场新人往往会出现时间概念不强的现象。看见有事情来了就做,对自己的工作时间没有具体的安排,对如何工作也没有计划,不清楚自己的时间到底是怎么损失的,也不明白自己所花费的时间是否合理。拿到一份上司交代的任务,不能明确告诉上司什么时候能做完,有什么计划安排。

对此,你应该了解自己的时间分配,找出浪费的原因,分析如何解决这个时间的浪费问题。建立和强化时间概念,利用日程表记录每天的工作内容,要时刻清楚自己每天的安排。

提高这个能力对职场新人来说非常重要。如果缺失这个能力,你将无法合理好安排自己的工作,不能够分清工作的轻重缓急、进行合理的安排,导致一个任务没有完成,又接到一个新的任务,最后没有一个任务能完成好。

对此,你应该先把已经确定时间的任务罗列出来,并根据已确定时间间隔安排其他工作;逐步培养自己的日程安排能力,根据自己的喜好,将相应的任务安排在合适的时间段里;相似的工作排在一起,尽量减少主观思维上的变化;工作不要排得太满,始终给自己保留一定的弹性时间。

在职场游刃有余的老手都知道复杂的工作应该进行拆解，并逐步分类，然后才能各个击破、完美完成。但刚入职的年轻人却缺乏这方面的能力，往往会接到任务无从下手，越想越繁杂，无法有条有理地完成。

对此，你应该不论工作大小如何，一律按照分类项目来处理，有任务就分解，按类别来一步一个脚印地完成自己的工作，慢慢地培养自己的分解任务能力，改善自己的工作心态。

如何制订长、短期工作目标

制订长期目标时，你首先应该考虑最终目标、阶段性目标和措施目标三项要素。

所谓最终目标，即最终要达到的目的地；阶段性目标，即每一个阶段要实现的短期计划；措施目标则是为完成阶段性目标规划的具体措施方案。没有目标就不会有成功。刚入职场，还稚嫩的你应该制订切实可行的目标，并养成快速、高效地付诸行动的好习惯和时刻以工作为先的心态。

同时为了切实地完成工作，你必须为确定目标，实现目标而不懈努力，明确地将目标分为长、中、短三阶段，如“在制订计划时，我追求的是什么呢？以什么为目标开展业务活动呢？”对于这些问题，要认真思考，然后逐条清晰地记录在工作本上。

在工作本中，对你认为需要几年多方面协助才能完成的目标标为“长”目标，对一两年之内即可完成的目标标为“中”目标，对一年之内就能完成的目标标为“短”目标，并根据现实状况调整好先后顺序，不断鼓励自己，调整好心态，以最佳状态去完成目标。

成长目标有理、有力、有节

很多职场菜鸟们都认为：向成功前辈学习，做他们做过的事情，只要努力就一定能成功。可现实却往往不尽如人意，因为每个人都是独一无二的存在，人和人本身都是有差异的，所以我们制订自身的成长目标时要有理、有力、有节。

在你制订目标时，可以制订比实际稍微高一点的目标，但一定要理论联

系实际。此外，目标一旦定下了，就不能轻易修改或是放弃，不过可以根据具体情况，调整实现目标的计划和方案，如果修改了计划还是完成不了，那么延长目标达成的时限，总之，不到万不得已，不要放弃目标。相信功夫不负有心人，只要不轻言放弃，你就一定会成功的。

另外，在制订目标计划时，还要考虑到多方面、全方位地实现自身地成长。其中包括专业知识、工作方法、工作能力、人脉和心智等多方面的提高。在菜鸟的蜕变过程中，每个方面的成熟都很重要。但在成长的不同阶段，却要对某些环节给予更多的关注，具体的则取决于每个人在职场中遇到的不同情况。比如，入职初期制订计划时要特别注意积累专业知识，打下扎实的专业基础。一旦适应工作了，能够轻松应对每天的工作任务时，就要更新计划注意培养自己的创造能力。而当工作太多，自己负荷较大时，要有注意研究改进工作方法、提高工作效率，锻炼自己的抗压能力，出色地完成手头各种工作。

学会制订工作计划

要出色地完成一个目标，你必须先做好计划，没有计划地进行工作，只会是无头苍蝇到处乱撞。制订好工作计划，并且按照计划进行处理，再艰巨的目标你也能完成，在这里请牢记制订工作计划的五步骤。

没有目标的工作计划是徒劳的。制订工作计划前要知道为什么要确立目标，最终要达到什么样目的。

要完成一个工作，单靠你一个人的力量也许是不够的，还需要人力、财力、物力、时间、信息等方面的支持，所以必须事先搞清楚实际情况对上述条件限制到什么程度，你掌握了哪些条件。

如何才能合理地制订工作计划呢？一个有效的方法是广泛征求上司、同事等人的意见、建议。

一旦工作计划明确下来了，你就应该马上安排工作，一项项落实计划。在这个过程中，尽量发挥主观能动性、开动脑筋、考虑采用哪些方法才能使既定工作计划高效地完成。

虽说工作计划是行动的指南，但实际总是不断变化的，所以，工作计划要经常修改。为了提高工作计划的质量，你应时刻具备问题意识，不断发现实际中的问题并积极改进，以保证工作的完成。

按照这五个步骤一步步地制订工作计划，相信你的工作一定会成为职场新人中的范本，并且能多快好省地完成工作。

及时充电紧跟时代步伐

当今职场的发展日新月异，稍有落后便有可能会被淘汰，那么作为刚入职场的年轻人要如何充电，才能恰到好处的适合职业发展规划呢？

充电前，你首先要清楚自己的职业规划和目标，只有明确自己职业发展规划和目标，才能选择出对目前的工作或者职业发展规划有帮助的“充电”内容。因此，你在选择充电前，要先对自己一段时期内的职业规划做明确的目的性指向，包括目标行业、目标职业、目标职位等，明确了职业定位后，再分析自己目前现有的专业基础，看看与要达成的目标有哪些差距，然后再查漏补缺，有目的性的充电。

同时，要保持敏感，时刻关注自己所处的行业对人员技能和需求的改变，这将决定“充电”的方向。认真分析一下这个领域对所需人才有什么样的标准和要求，诸如学历、工作经验、专业背景等，与之相比，自己有哪些长处和劣势。想要得到发展，就要随时按市场的要求调整自己的目标和充电方向，才能在济济人才中脱颖而出。

记住，充电一定要选使自己价值得到提升的专业或是学历。要通过充电看到自己真正学到了什么东西，什么技能能使“自我增值”达到最大化，如果仅仅是为了一张文凭，这种充电的方式是不可取的，也是非常不理性的。

要使你的“充电”能发挥出最大效能，还得注意找准时机、有的放矢。身为职场新人的你是充电的黄金阶段，因为你充满了可塑性，而且时间充裕，创造性强，对未来充满了期待，是最能使充电发挥效能的时期。

同时，还要根据市场的变化找准充电时机。比如某种类型的资格证书，常常是一段时期内吃香，时间过了，则没那么重要了。所以，在充电前，要了解清楚市场需要，有的放矢。

如果你在大学里学的是基础学科，应用性不强，就应该尽快选择一个与从事职业相关的专业，赶紧“充电”，以提升自己的专业技能，增加职场竞争力。

职业生涯本身就是一个不断深造、不断积累、不断提升的过程。如果不“充电”学习、接受新事物，不用最新的知识、技术武装自己，当新技术普遍运用时，你就有可能被淘汰掉。身为职场年轻人，要想在日新月异的行业中求得发展，就必须主动及时更新自己的知识结构，掌握最新的技能、技术，为自己职业的发展补充新鲜血液。

尽管充电都选择在业余时间，但难保不会出现与工作相冲突的时候。要想顺利充电而无后顾之忧，做好上司和同事的工作也很重要。找机会与上司谈谈，使他明白你想充实自己的想法，得到上司的支持后，你的“充电”才会更加顺利。

对年轻人而言，充电切不可急功近利，在没有工作经验的情况下，最好是先易后难、循序渐进地充电，通过一段时间的工作实践，加深了对自己工作和行业的理解后，再有步骤地进行更高层次的充电。

要进行职场充电的五大信号

如今，职场年轻人一直都处在一种与最新科技知识赛跑的状态。信息时代的知识呈膨胀性扩展趋势，刚刚掌握的资讯，也许过一段时间就已经过时了，如果不及时充电、更新知识，很容易被淘汰。

“充电”是防止“人才贬值”的一种好方法，要让自己“不贬值”，那就需要不断地“充电”，这样你会更容易接受新知识，不至于常常出现跟不上时代的状况。

当你感觉自己的职业规划面临着停滞状态，总是在做着重复劳动，职位很难得到提升时，就需要充电了。这时，你应该摆正自己的心态，树立“没有职业的稳定，只有技能的稳定和更新”的观念，把充电过程变成一个永无止境的学习和提高的过程，让自己随时准备好再次出击，占据职场有利地位。

有的年轻人，可能因为对自己大学时学的专业不感兴趣，而觉得自己现在从事的与专业相关的工作也没什么意思，幻想着有一天可以做自己喜欢的工作的话，那不如去充电，尽量从事自己喜欢的工作。

但这种情况下切记，在如今竞争激烈的职场生存环境中，很难“爱一行干一行”，尤其是职场年轻人，最佳的选择还是“干一行爱一行”，尽量将工作规划和人生目的统一；否则，眼高手低，只会幻想，不喜实干，会耽误一生的。

从大学毕业到现在，工作起来，要风得风、要雨有雨，一切太顺利了，这时，你也需要充电。或许你会奇怪，职场之路顺利还不好吗？其实不然，所谓，“技多不压人”，在知识经济时代，“单一型人才”永远无法战胜“复合型人才”，所以你要及时充电，储备各项技能知识，让自己的价值永远“保鲜”。

如果你随时想跳槽，甚至是从一个传统行业跳到一个新兴的产业里，那么唯一能实现的办法就是充电，及时充电以增加事业打拼的资本。当然，充电的前提是同自身职业生涯的规划紧密地联系，以能学以致用、为将来服务。

选择适合自己的“充电”方式

若是你想进入好企业，可以选择能获取文凭、让你改头换面的系统“充电”方式。选择这样的“充电”方式首先要弄清培训学校的背景，其有怎样的教学方式能保证你学到真东西，他们的证书或文凭在相应的领域中是怎样的位置，能否成为你进入好企业的敲门砖。

若是你已经有一个满意的工作，但因为自己的经验不够、太过年轻而危机感很强，则可以选择短期培训的“充电”方式，其目的在于学到先进理念和技术，让你能适应变化和竞争。这时特别要注意的是培训的师资和教学内容，老师是不是经验丰富，授课内容是否与你的工作接轨。

如果你工作后还想继续深造，则可以选择在职研究生的“充电”方式，但绝大多数在职研究生班申请硕士学位时首先需要学士学位。大专学历的年轻人通过攻读可以获取结业证书，根据有关规定，在职研究生班的结业证书可在评定职称中使用，相信对你的职业规划非常有帮助。

若你是大专毕业生，想要直接攻读硕士学位，那么可以选择的“充电”方式就很有限了。目前，大专学历可以申请的硕士学位只有 MBA 专业。当然，或许未来还会有很多适合你的“充电”方式，这就需要你非常留意市场的变化。

若是你在大学时就经常参加兼职、工作，社会经验较丰富，则可以选择报考相应专业的国际资格认证的“充电”方式。参加国际资格认证考试往往需要一定的职业培训并具备相应的报考资格。在备考的过程中，你已能在职业水准方面获得很大的提高。选择国际资格认证的时候，应看该课程是否具备国际先进性，特别是是否具有实用性，是否会被市场长期需要。

若是工作一段时间后，发现自己想攻读海外学位，出国留学，那么适合你的“充电”方式就非常多了。值得一提的是，现在已有一些国外知名院校在我国办学，你不用出国就可以攻读相关专业课程，并获得海外学位认可，而且费用会便宜很多。

职场充电应该学习的内容

在全新的职场环境下，市场的新主导地位、岗位需求结构的新变化、产业结构的新布局、职业出现的新调整、就业岗位的新需求、地域分布的新特点、技术换代的新升级、国际化的新影响、新的形势发展、失业现象、就业模式、竞争压力等，都迫使职场新人及时充电。那么，充电过程中，应该学习哪些内容呢？

在一个以知识经济为主的崭新职场，要求刚入职的年轻人通过充电使自己成为高素质的人才，除了要巩固原有的专业知识，还要不断拓展自己的新知识。

当代职场所有活动都将伴随着一个学习的过程，企业本身就是一个学习机构，整个社会生活的知识化、智能化要求职场年轻人必须坚持充电、充电、再充电。通过不断充电学习新知识，适应工作的需要。如今的企业用人更趋于理性化、标准化、知识化、专业化，特别是具有多种行业背景的复合型人才、懂外语又懂计算机的人才更加吃香，这也要求你不断充电，学习时代需要的新知识。

年轻人的能力素质如智能水平、工作主动性、人际关系等，作为企业判断个人潜力的标准，备受企业重视。如今，旧的专业技能不断被淘汰，取而代之的是新的专业技能，除了具有渊博的专业知识、娴熟的岗位技能、丰富的工作经验外，具备高、新专业水准将是竞争必需的条件。所以，刚入职的年轻人要不断充电，不断更新专业资格认证、阅历、知识水平、观念，以便更好地为自己的职业规划服务。

在信息时代的职场，新知识、新技术飞速发展，所以你要不断充电，不断改变自己的思维，让自己的理念不断更新，与世界接轨。从发展趋势来看，与时俱进的理念能让你在竞争中更加有优势、更加突出。

不管你身处哪个行业，竞争最终都会是人才的竞争，那么，你的现有素质能否应对行业和职位的竞争与挑战？所以，你要不断充电，练就丰富的想象力，并富于创造性，敢于标新立异，不断向新领域挑战，不断拿出新的创意，如此才能应对挑战，求得生存。

了解基本制度和政策的更新，有助于及时更新自己的职业规划，所以你要不断充电，学习新的法律、法规、政策，还应了解其他国家的法律、法规、政府政策、风土人情、新闻等知识，以为己所用。

现代社会生活节奏加快，身为职场新人，你必须根据社会的发展趋势转变观念，确立新的时效观，了解新的信息。所以，你不仅需要充电掌握自己的工作技能，还需要掌握合适的、最新的、基于时间更新的信息，并根据最新的信息作出快速的反应，及时调整自己的职业规划。

如何充电提高外语能力

当今世界早已连成一片，提高外语能力也成了职场新人的一门必修课，能助你早日脱颖而出，得到上司的赏识。

若是你的工作时间并不十分紧张，自己支配的时间较多，则可以依据自己的兴趣爱好来选择语种。若是你工作时间比较紧张，或者工作中使用的外语频率较高，则可以依据目前的工作需要来选择语种。

在选择语种时，一定要从实际工作的角度出发，上班族需要重点加强的是口语部分的练习，尤其是听、说方面的完整充电。

在选择充电前，先对自己的外语水平有一个评测。第一，看自己有没有胆量，遇到一个外国人，你是否有胆量上去打招呼。如果可以简单地打招呼，说明你的外语水平处于口语初级阶段。第二，看交流的词汇量和时间长短。如果打招呼之后可以愉快地进行下一步的会话，说明你的外语水平能够基本满足一些场合的需要。第三，看谈话能否涉及一些具体而实在的物体，如果可以则说明你的外语水平处于深入交流阶段。第四，看谈话能否涉及一些抽象、偏精神层面的谈话，如果可以的话，则说明你的外语水平已经可以进入高级思辨的水平。

选择外语进行充电，一定要和实践相结合，同时坚持学习、练习、使用相结合。可以选择一些热门的课程加强充电效果，比如，初级可以选择初级外教、入门班、速成班等；高级则可以选择听说翻译班、求职面试班、深化班、出国班等。

如何节省职场充电成本

你一定要谨慎对待对教育和培训的投入，选择的充电项目一方面要对自己切实有用，另一方面价格要在承受的范围之内。

如果你的时间比较充裕，而且随时能上网，那么你可以考虑购买网络教材，自己充电。利用工作闲暇多充电，就算暂时不能升职或跳槽，也能学到知识，为自己储备能量。

利用网络自学，费用比较低廉，能被刚入职、收入不高的年轻人所接受，一般月花销几百元就能完成学业了。

职场年轻人在充电的同时还要学会控制好时间成本，与你所看到的表面价格不同，时间成本更像是一种隐性的投入，所以，你一定要将时间纳入你的充电总成本中。

建议你选择离家或者公司较近的授课点，再结合自己需要，选择适合自己又性价比较高的充电课程。

图书馆绝对是节省成本，且能全方位“充电”的绝佳去处。去图书馆充电，你可以有目的地去充电，也可以无目的地去充电。无目的地去充电，即抱着博览群书的态度，翻看自己有兴趣的书目；而有目的地去充电，则须讲求方式方法，在泡图书馆前最好做足案头功夫。比如，想在某个领域有进一步提升，可先查询一下相关培训机构开设的课程，然后根据课程设计选择一些必读的书籍，有目的地完成充电。

比起学费高至数千元的培训，听讲座成本低，所以不失为“充电”的好方式。而且，一般开讲者都是业内行家高手，所讲内容也多是社会热点问题或该行业内知识的精华。讲座一般控制在 2～3 小时，更方便你安排时间。要注意的是，在选择讲座时，不要被讲座人的头衔蒙蔽，关键要看讲座人的知识背景和业界地位以及其著作的影响力。

此外，你还可以参加一些专业团队的沙龙活动，如学员聚会等，通过聊天的方式，照样能够获得许多对自己有益的信息和知识，还能扩大你的人脉网络，一举多得。

你想过兼职吗

对职场新人来说，兼职意味着什么呢？

职场新人要想兼职，首先要根据自己的实际情况衡量出本职工作与兼职工作孰重孰轻，好好斟酌一下后，再来选择合适自己的兼职，以完善职业规划，为自己的未来布局，设下新的希望和可能。

如果你钟情于某一行业，却因为没有类似的相关工作经验而无法进入，那么，可以选择该行业的兼职工作，以学习相关经验，弥补自己的不足，降低未来跳槽落选的风险，也会为以后工作积累一些经验。

兼职能让身为职场新人的你大长见识，能积累大量的商业经验、专业经验、实践经验，学到你在本职工作环境中学不到的经验，接触到更多的人和事，提高工作能力，拓展人生经历，充实生活。

如果将你的兼职同职业规划连接在一起，并扶助你的本职工作，那么，通过兼职，你能更加了解本行业的发展前景，积累更多的相关经验，从而大幅度地提升你的价值和能力，使你更容易得到上司的认可和事业上的发展。

《《《 哪类职场新人适合做兼职 》》》

出于谋生的考虑,没有找到专职工作的年轻人可以先找份兼职,毕竟兼职的门槛会低很多,而且,兼职做得好,有可能会获得成为正式职员的机会;就算不能,也能为你积累一些工作经验,以便作好未来的职业规划。

如果你大学所学的是医学、法律、软件、动画制作、翻译、师范、会计、音乐、美术等这些具有专长性的专业,那么,恭喜你,你已经有了得天独厚的兼职优势。学法律可以兼职做企业法律顾问、师范外聘兼职上课或家教、音乐兼职演出等……这些拥有自身专长的职场新人,往往可以轻而易举地找到“发挥余热”的兼职,而且这类兼职报酬非常丰厚,甚至会超过本职工作的工资。

所谓自由工作者,最大的好处就是自由,时间能够自己支配,因此适合身兼数职,在不同的工作之间随意切换,因而非常适合做兼职,以提高收入。

有的职场新人,终极的职业规划是独自创业、自己做老板,这时,可以借兼职为跳板,寻找合适的商机,一圆自己的老板梦。

《《《 职场新人可以做哪些兼职 》》》

现在给大家提供一些比较适合职场新人的兼职类型及市场行情,以便你能及时调整职业规划,思考好选择哪类的兼职以充实生活、完善本职工作。

市场行情:随着网络的日益发达,网站编辑的缺口也越来越大了,平均报酬是:20 元/专题,50 ~ 100 元/专栏,100 ~ 200 元/频道,500 ~ 1000/特别专栏。

素质要求:一般的工作是撰写网站推介文字、编辑专题和专栏、优化专题结构等任务。兼职网站编辑的报酬跨度很大,根据作业难度高低、作业质量不同有很大的差异。有些专业网站还要求编辑精通专业知识,能及时搜索信息,向网站提供行业及市场的行业动态、市场分析及预测评论等。

专业要求:新闻相关专业会优先考虑。

市场行情:除了网站编辑,出版社也经常招聘兼职组稿编辑,平均报酬是:20~100元/千字。

素质要求:有良好的文学功底,有编辑工作经验,有和出版书籍内容相关的知识经验背景。若是外语类书籍,则需要是该语种专业毕业,并有笔译经验,能从事翻译书稿的审校工作。

专业要求:中文类专业、编辑出版专业、某特定专业会优先考虑。

市场行情:平均报酬是:50~100元/天。

素质要求:承担会展、演出、论坛研讨会及公司形象宣传活动的迎宾、接待、签到工作。对职场新人的身高、体重、容貌、年龄和性别等有较高要求,而对学历等则要求不高。年轻、形象气质佳的女性比较受欢迎,报酬也相对较高。

若是有外宾参加的活动,则可能需要懂该语言的迎宾礼仪人员,当然报酬则会更加理想。

专业要求:任何专业皆可。

市场行情:平均报酬为:50~100元/天。

素质要求:五官端正、口齿伶俐。

专业要求:任何专业皆可。

市场行情:平均报酬为:6~50元/份问卷。形式不同则报酬不同。

素质要求:若是在街头或者固定地点随机进行问卷调查,则需要请街头行人或特定地区、年龄、性别的人群填写调查问卷并赠送礼物。由于调查对象面宽,随机性强,且问题数量较少,填写简单,因此报酬相对较低,每份在6~10元。

若是要求市调员根据公司提供的被调查者(或被调查公司)地址进行登门问卷调查,则会因为路途耗时较多,报酬相应提高,一般为每份15~30元。

若是产品使用回访调查,则需要对固定用户作两次访问。你要根据公司的特定要求拜访调查者,并给予公司产品试用,一定时间后对产品进行回访调查。这类问卷问题设计细致,耗时较长,因此要求你有良好的沟通能力。但报酬也高,最多可达 50 元/份。

专业要求:任何专业皆可。

市场行情:形式不同、语种不同,报酬不同。

素质要求:若是担任陪同口译,则英语、日语、韩语约为 600 ~ 1000 元/天;德语、法语、俄语、西班牙语约为 800 ~ 1200 元/天。陪同口译对你的口语水平要求相对较低,一般口语较为流利、懂得日常通用口语、有中级口译证书者即可胜任。

若是担任交替翻译,则英语、日语、韩语约为 2000 元/天;德语、法语、俄语、西班牙语约 2500 元/天。交替翻译一般出现在较为正式的谈话、会议、记者见面会等场所。要求你有高级口译资格证书,口语流利,有相关翻译工作经验,熟悉与会议主题相关的知识背景。若是能够在专业性较强的场合从事口译工作,薪水更高。

如是担任同声传译,则英语、日语、韩语约为 6000 ~ 12000 元/天;德语、法语、俄语、西班牙语约为 8000 ~ 16000 元/天。同声传译的要求最高,一般需要经过特殊训练,长期专门从事外语口译翻译工作的人员才能担当同传工作。通常 3 小时的会议,词汇量累计达 2 万多个,因此要求你具备在 1 分钟内处理 120 个单词的能力。除了外语功力外,同声传译还要有流利、丰富的中文表达能力,有相当的社会知识和世界知识,对政治、经济、文化各个领域要有一定的认知度。

专业要求:语言类专业会优先考虑。

市场行情:不同的开发任务、不同的难易程度,薪酬之间差距很大。

素质要求:能承担高级软件工程师的,那么自己负责项目部分不少于 5000 元。要求你熟悉 VC、ASP、JAVA 语言,对某类开发平台,如 Net 平台或 J2EE(Java)平台等有比较深刻的理解。熟悉 Oracle、MySQL、DB2 等一种数据库。具有 JSP 实践项目开发经验者优先考虑。一般要求负责顶端的软件架构设计、功能模块的划分等、核心算法设计等,经验尤其重要。

能承担软件工程师的,那么平均报酬在 2000 ~ 3000 元/月。要求你熟悉 VC、ASP、JAVA 中的一种语言和相关数据库以能负责具体功能模块的代码实现,此外还须负责一些后续的修改维护工作。

专业要求:计算机类专业会优先考虑。

市场行情：平均报酬为：800～1000元/月。

素质要求：依据企业的业务性质与规模不同，对网络管理员的工作要求也有较大差异。IT系统规模较大的企业，由于分工较细，网络管理员可能只须负责机房的网络运行和维护；而一些小型企业，网络管理员除了上述任务外，可能要对设备进行管理，有些企业甚至要求网络管理员能进行一些简单的网站建设和网页制作等工作。如果你想圆满地完成各项工作，最好能在网络操作系统、网络数据库、网络设备、网络管理、网络安全、应用开发6个方面具备扎实的理论知识和应用技能。

此类兼职一般每周需要有1天的时间对网络进行维护，当然，若企业网络出现紧急问题，也要保证随叫随到。

专业要求：计算机类专业会优先考虑。

市场行情：根据网站建设的不同要求，兼职者报酬差距较大，平均为800～10000元/月。

素质要求：一般中小型企业的报酬为：首页：1000～1500元/页；连接页：150～200元/页；数据库设计：1000～1500元；asp开发：2000～3500元；售后维护：总价的1%。

专业要求：计算机类专业会优先考虑。

市场行情：平均报酬为：600～1000元/月。

素质要求：需要熟悉电脑市场各配件的品牌、型号和价格，为顾客选购电脑提供参考建议，然后组装成电脑，并安装操作系统和应用软件。有时还须兼顾顾客的维修服务，为顾客购买的电脑解决死机、中毒等各种常见问题。这类兼职的工作时间较长，在周末或者节假日需求量较大。

专业要求：计算机类专业会优先考虑。

市场行情：一般按效果和时长来收费，有三种计价方式：按数量计价：一个5分钟的FLASH，一般为2500～3000元；按秒计价：通常采用文字和场景的二维动画，价格在每秒100多元，而有角色和场景的二维动画，价格在每秒300元左右；按帧计价：15～20元/帧。当然这种计价方式要求作品设计优秀，制作非常精美，或者有特殊效果。

素质要求：这是一个报酬相差悬殊的兼职，要获得高薪，需要有良好的平面设计功底，较好的创意，较多的设计作品和成功案例。

专业要求：FLASH制作、设计等专业会优先考虑，当然，最重要的衡量指

标是你的作品。

市场行情：每个动画一般都在1万元以上。具体报酬还可按效果和时间来计算，一般来说，简单的字幕和场景动画，通常在每秒400～800元之间；如果有物体、角色动画，每秒800～1200元不等；如果涉及人物动画或复杂的角色动画，则价钱更高，没有平均的标准。

素质要求：一般需要熟练操作3DMAX、Rhino、Maya、Soft Image等软件，动画设计前卫大胆而有独创性，能够充分理解客户需求，最大程度实现客户的各种设计理念，能胜任展览展示设计工作的要求。

专业要求：动画制作专业会优先考虑。

市场行情：如今的网络写手，收入远远高过从前，已经有不少网站明码标价与一些写手签约，年薪达百万。而大部分兼职写手，虽不能年收益达到百万，但只要努力写，收入也不低。

素质要求：只要你能把你想到的用文字描述出来，只要你能迎合大众的阅读胃口即可。

专业要求：任何专业皆可。

市场行情：1500元/月左右。

素质要求：为企业撰写宣传文稿或产品广告，也可能是为客户公司撰写形象类文章。需要兼职文案策划的公司以房地产和广告行业为主，主要工作是为销售的商品撰写软、硬广告。要求从业人员创意强，有很强的策划能力、文字功底，同时也需要一定的相关行业知识。

专业要求：无特别界定，文字功底好、创意强即可。

市场行情：不同类型，不同报酬

素质要求：

若是兼职普通会计出纳，则报酬为500～1000元/月。要求你熟悉财务会计工作流程，具独立出具会计报表及制作增值税报表经验，有会计从业经验，且熟悉国家各类相关法律、法规、政策。

若是兼职财务（包括税务）咨询，则报酬为1500元以上/月。要求你能帮助企业财务人员了解相关会计、税务、金融政策，最好能有注册税务师、注册会计师等资格证书。

若是兼职财务顾问，则报酬为3万～6万元/年不等。要求你能帮助企业解决财务疑难问题，资深的从业资格和良好的行业人脉是获得兼职的关键，当然这对职场新人来说不太容易实现。

专业要求：财会类专业会优先考虑。

市场行情：没有平均标准，一般而言，小学：20 元/小时；初一至初二：25 元/小时；初三至高二：30 元/小时；高三：35 元/小时；外语授课，雅思、托福等：60 元/小时；乐器（小提琴，钢琴，古筝等）：50 元/小时。

素质要求：某一门（包含艺术）或几门学科功底扎实，善于沟通，讲解能力、思维和应变能力较好。

专业要求：教授课程不同，专业要求不同。

市场行情：报酬较丰厚，一般由基本工作 + 小费组成。

素质要求：做导游须先通过考试取得导游证，持证上岗，每年举行一次全国统一考试。考试分为笔试和面试两部分，笔试为 2 张卷子，中文导游的面试为普通话解说景点。要求善于沟通，讲解能力、应变能力较好。

专业要求：任何专业皆可，但需要考取导游资格证书。

此外，业余歌手、酒店钢琴演奏、结婚摄像、婚礼策划师等也是不错的兼职选择。

从事兼职“三不要”

一不要：不要把你的兼职看成是业余爱好，要想从兼职中获得经验和金钱，就需要你付出时间和努力。

二不要：本职工作时间一定要认真工作，不要心猿意马，否则只会两边皆损。

三不要：除了本职工作外，再做兼职，自然会占用你很多的个人空间和时间，所以不要随便气馁，要相信，付出一定有收获，吃得苦中苦，方为人上人。

第⑩章

职场晋升：这样做容易让领导提拔

★★★　★★★

如今的职场，竞争较之从前更加残酷，企业在员工淘汰上不再留情，而职场新人的淘汰率则更高，因为能力和经验不足。那么，作为一个职场新人，你该如何提升自己的能力，让自己能步步为营，获得升迁呢？

卡耐基说："我非常相信，这是获得心理平静的最大秘密之一——要有正确的价值观念。而我也相信，只要我们能定出一种个人的标准来——就是和我们的生活比起来，什么样的事情才值得的标准，我们的忧虑有 50%可以立刻消除。"所以，你要培养准确定位自己的能力，要明晰自己的价值和角色定位、职场主要目标等，让自己一步步走向成功。

练就适应职场的十五种能力和精神

新问题总是会在工作中出现，若是你一时找不到解决方法，而且因为没有遇见过，上司和同事也无法给你太多提示，那么你就应该运用逆向思维来探索解决问题的途径了。你必须清楚问题的要点，是人为的，还是客观的；是存在技术类的硬件问题，还是管理类的软件问题？运用逆向思维，逆流而上，常常更易发现解决问题的关键所在。

刚入职场的年轻人在考虑解决问题的方案时，通常会只站在自己的职责范围立场上进行。其实，如果你想尽快妥善处理问题，就应该锻炼出自己的换位思考能力，从相关部门、上司、同事的角度出发，综合看待问题，找出利益的共同点，然后再据此寻找解决方案，相信，这时你的方案一定是最完美、最具价值的。

在这个重视沟通时代，单纯埋头苦干已经“过时”了，你还需要具备对问题的分析、归纳、总结能力，要能找出规律性的东西，并驾驭事物，将其总结出来，然后传达给其他人。

时间就是金钱，没有一个上司会愿意花很多时间看冗长的报告，因此，你要锻炼出简洁而干练的文书编写或制作表格的能力，学会编写简洁的文字报告和编制赏心悦目的表格，即便面对再复杂的问题，也能将其浓缩阐述在一页 A4 纸上，能让上司对你的报告一目了然。当然，有必要详细说明的问题，可以再用附件形式附在报告或表格后面，如果上司对你的报告有兴趣，自然会找你详谈，让你能一展口才。

职业新人要练就收集各类信息资料，包括各种政策、报告、计划、方案、统计报表、业务流程、管理制度、考核方法等的能力，尤其是竞争对手的信息，闭门造车切不可行。只有信息积累多了，需要用时，才能信手拈来。

当出现让你困惑的问题时，如需要请示上司，则不可以直接询问如何办，而应先想出多种方案，以供上司选择。所以，你需要锻炼出方案制订能力，以能带着自己拟定好的多个解决问题方案去请教上司，让上司觉得你是个善于思考的可造之新人。

如果你的职业规划或目标在自己所处的组织中暂时无法实现，而你又暂时离不开这个环境，那么你需要锻炼自己的计划/目标调整能力，以便将个人目标与组织的发展目标有机结合起来，然后，调整好自己的心态，让自己能学习到更多东西。

身为新人，在职场上难免遇到失败、挫折和打击，这时，不妨做个“阿Q”吧，好好安慰安慰自己，然后迅速地总结经验教训，始终对自己保持信心，相信付出就会有回报，只要努力，情况就一定会发生变化。

书面沟通有时可以达到语言沟通所无法达到的效果，可以较为全面地向上司、同事阐述想要表达的观点、建议和方法。所以，你要锻炼自己的书面表达能力，会用电子邮件、书面信函、报告的形式完成各类沟通。

刚从校园走入职场，面对环境、身份的转变，你需要能尽快适应一切，才能发挥出你的实力。所以你要练就超强的适应能力，无论在哪里，都能让自己如鱼得水般地干得欢畅并迅速施展才华，赢得上司或同事的关注。

如今的职场，铁饭碗已成为童话了。随着竞争的加剧，企业的成败往往就在一朝一夕之间。所以你需要练就对任何风险的承受能力。只有能承受任何变化和打击，你才能不断寻求发展，让自己得到升迁。

责任感和对组织忠诚的精神一旦形成，你便会成为一个上司、同事愿意信赖的新人，并会被委以重任，因为每个组织都偏爱培养忠于自己的员工。

善于抓住任何培训机会，并看重培训的机会，甚至在招聘时就询问公司是否提供培训的机会，这会让上司或同事认为你是个勤奋好学的年轻人，从而提供给你更多培训和实践的机会，让你能尽快成长。

对任何一次挑战，都不要轻言放弃，而要将其视为难得的锻炼机会。勇

于接受挑战顽强进取的年轻人，往往更容易积累经验，得到升迁。

高效、忠诚的敬业精神会让你更易脱颖而出。试想，哪位上司不是更中意言行举止无私心、敢于直言不讳、待人接物规范化的职场新人呢？

《《 培养能“随身携带”的能力 》》

你准备做一个什么样的人、你的人生准备达成哪些目标、你想过怎样的生活……这些看似与具体职场无关的东西其实对职场新人的影响十分巨大。所以，你要培养准确定位自己人生的能力，要明晰自己的人生价值和角色定位、人生主要目标等。

雨果曾说过：“思想可以使天堂变成地狱，也可以使地狱变成天堂。”所以，当你遇到困难时，应尽量以乐观的态度去面对，因为乐观的心态不仅能平息由压力而带来的紊乱情绪，也较能将问题导向正面的结果，让上司、同事更亲近你。

善于反省，才能从工作和生活中不断总结出经验、教训，帮助自己尽快成长，走过职场新人的过渡期。

你要学会主动平衡自己的工作与生活，不要把工作上的压力带回家，要善于留出休整的空间，选择适宜的运动，锻炼忍耐力、灵敏度或体力。杰出的平衡自己工作和生活的能力，能让你更理性，更会享受生活，更容易进入工作状态。

善于安排好工作，规划好各项工作的时间，不要让工作左右你，应权衡各种事情的优先顺序，对工作要有前瞻性，把重要但不一定紧急的事放到首位，防患于未然，永远在工作中占据主动地位。

工作时，要善于积极改善人际关系，特别是要加强与上司、同事的沟通，如通过与上司、同事倾诉交流、进行咨询等方式来融入集体等。

职场新人之所以觉得不适应企业，往往是因为自身对工作不熟悉、不确定而感到力不从心所致，对此，最好的改善方法就是锻炼学习提升的能力，主动去了解、掌握状况。一旦清楚、熟悉工作了，压力和恐惧感就消失了，你的才华便能“肆无忌惮”地展现了。

提升竞争力，积极应对变化

人生的不同时期，需要不同的竞争力，那么，对于刚入职场的年轻人来说，需要具备哪些竞争力呢？

通常所说的学历包括学校、科系、学位。若你本身学历不好，可以选择“充电”提升学历，用较高学历取代先前较低的学历。现在国内研究院所广开大门，想要拿个好学校热门科系的硕士学位并非不可能。还有就是选择学历门槛较宽的工作，如服务业、成长期的公司或地方企业，老道的工作资历是“战胜”学历的良方。

法律、会计、医疗、金融业、信息业、房地产业、美容业、餐饮业、健身业等众多行业都需要持证上岗了，未来可能会有更多行业需要如此，所以多拿到几个从业资格证书会让你更有竞争力。

你在校园里学到的专业知识，大多只是理论认识，是你踏上专业之路的敲门砖。在实际工作中，你还需要累积更多经验，才能胜任工作。所以，在入职之初，要珍惜学习机会，虚心学习，多积累经验以增强自己的竞争力。如果你能跨领域培养多重专长，则更有利于未来的职业发展。

文字表达能力、沟通表达能力、外语能力、数字能力、逻辑思考能力、办公室文书软件运用等能力，是职场基础能力，需要你能灵活运用，并完美地服务于你的各项工作。

历练的多寡，决定你是否可成大器。对职场新人来说，包括社团活动、各种项目、外派出差、海外游学、项目研究，都是有用的历练。你应该积极争取参加，给自己更多职场历练，开阔自己的视野，增强综合能力。

人际关系，往往会在你意想不到的时候助你一臂之力。但是“贵人”不会从天掉下来，需要你悉心经营。因此，你要培养自己把握人脉的能力，包括如何面对同事、上司、客户、朋友等。当然，在建立人脉关系之前，需要你先付出，只有勤于耕耘，才能有所回报。

身处职场，你是组织的一部分，不可能单打独干，需要每天同其他同事打交道，所以维持良好的个人形象非常重要。良好的形象是他人对你产生好印象的开端。

在校期间所学的东西，如果不能随时更新，很快就跟不上时代了。因此，你要具备随时掌握最新的关键信息的能力，以能快速有效地在信息时代中“淘到真金”。要知道，在你所处的信息职场中，更新信息的快慢直接决定了你是否具有竞争力，能否占到先机。

你具备职业核心竞争力吗

所谓职业核心竞争力是你优于别人且别人无法取代的能力，它是你的重要无形资产，也是你创造高绩效和高薪酬的能力。那么，职业核心竞争力有哪些方面呢？

自觉的责任意识是说你能自觉地意识到自己处在某一职位、某一岗位上要所担负的责任。有了自觉的责任意识，才不会在工作中寻找各种借口、推脱责任，而是主动寻求解决方法，保持积极的工作状态，圆满地完成工作。

持续的工作热情是成就事业的前提。碰到问题，如果你拥有非成功不可的决心和热情，困难就会迎刃而解，因为成败与否往往是由你的决心和热情的强弱所决定的。

创新能让你永远拥有竞争力。

若你只是照上司的交代去办事，那么永远不会有进步；只有具有自主学习能力，能独立工作，才会逐渐成长、成熟起来。

学会并善于沟通才能有好人缘。好人缘能让你如鱼得水、游刃有余、事半功倍地开展并完成工作,走到哪里都有朋友帮助你。

修炼职业核心竞争力的途径

职业定位是通过职业取向系统、商业价值系统、职业机会系统三大因素来确定你的最佳职业选择,即你最喜欢做的是什么工作,你最擅长的是什么工作,你认为最有价值的工作是什么,找到了这三个问题的答案,你的职业定位将会有个大体方向。职业定位是否准确,将直接影响着你个人职业核心竞争力的发展。

要成为一个具有过硬实力的强者,能在各种竞争中无往不胜,就需要保持并且不断发展自己固有的强项,通过学习形成自己的职业核心竞争力,时时吸收新知,不断培养自己各项专长。只要你有足够的实力,就不用担心没有用武之地、没有实现自己梦想的一天。

想拥有职业核心竞争力,就应当培养自己全方位收集信息的能力。因为,同一个岗位、同一份工作做久了,就容易产生惯性思维、固定思维,以至降低应变能力。因此,你需要能够根据有关信息及时体察变化,并提出变革方案,随时迎接挑战。

开阔视野能让你对不同领域的人、事、物保持高度的好奇心与学习力,能为自己的思想随时注入新的能量,启发新的触角,有助于提升职业的感觉,甚至会让你的职业生涯走上另一种辉煌。

职场人士的综合能力包括语言表达能力、信息处理能力、解决问题能力、人际交往能力、组织管理能力、领导能力、公众演说能力等。你的综合能力越强,个人核心竞争力也越强,未来的职业发展也将越顺利。

优秀的职场综合能力,包括亲和力好,沟通能力强,处事圆滑懂得应变,与上下级关系处理得很好,可以较好地把握好公司的人际关系并且充分发挥其作用等,是走向成功不可或缺的因素。

正所谓:"言必行,行必果。"所以,要努力成为一个时间管理的高手,看好了、想好了就立即行动,不错失良机,不浪费过多的考虑时间,在最短的时间内投入大量的有效行动,上司交代的任何一项工作,不管难度有多大,都全力以赴地去执行,并能出色地完成本职工作,主动分担同事的工作,及时解决困扰上司的问题,为公司创造最大的财富。相信,这样的你,一定是公司无人取代的杰出新人!

诚信体现了一个人的品质,是不少企业录用人才的首要标准,因此,诚信的品质比实际技术更加重要。对于毫无经验的职场新人来说,刚走出校门就想利用自己的专业知识获得企业青睐几乎不太可能,这时,诚信和修养成了你获得肯定的关键,也是你值得坚守一辈子的品质。

作为职场新人,处在一个新环境中,不管你在校期间曾经获得多少奖学金,曾经有多大的能耐,从走出校门的那一刻开始,一切都要从零开始。本着谦虚的态度,多做事少说话,才是生存之道,恃才傲物只会让自己失去很多学习的机会。切忌锋芒毕露、自作主张,让同事、上司觉得你眼高手低。

提高技能,增强核心竞争力

初入职场的年轻人,要完成从学生到社会人的转化,自己应该建立一张培养职业核心竞争力的任务清单,随时作好自我盘点,一方面可以随时为自己的弱项充电,另一方面可以在适当的时候发挥自己的优势,让自己尽快升职。

你在校期间所学习的专业课程,只能算是踏上职业之路的第一步。在实际工作中,许多行业所特有的专业技能,是你在校学习期间所接触不到的,只能在工作实践中不断学习和积累。所以,年轻人在职业生涯的初期不要把薪水待遇等放在重要考虑的位置;而要把工作当成学校学习的延伸,要重视每一次的学习机会,要在实践中不断学习,提高专业技能,为将来升职作好准备。

了解职业发展趋势，考取认证资格

要想在刚刚从事的岗位上不被淘汰并获得升迁，职场新人就一定要随时了解自己所从事职业的发展趋势，并考取相关的认证资格。

随着国家对各行业的职业标准的逐步规范，对从业人员的从业资格也有了越来越明确的规定，要想在职场中占据一席之地，你就必须让自己的知识结构更符合行业及岗位的标准，从而提高自己的职场竞争力。

抓住机会积累经验，提高心理素质

刚刚步入工作岗位的职场新人，一定要学会抓住每一次的锻炼机会，将上司每次分派给自己的工作任务都当成一次积累经验的机会，争取多一些历练，以积累经验，让自己能面对各种各样的问题和状况，为将来的升迁积累经验资本。

在新人是否能升职的筛选标准中，企业更加重视性格特质，并且采取"3Q"并重的准则，也就是说 IQ（智商 = 专业技能）、EQ（情绪商数）、AQ（逆境商数）三者缺一不可。所以，职场新人要想在职场立于不败之地并尽快得到升迁，就一定要让自己逐步培养出三商并重的能力，以适应不同的工作需求。

展示你最优秀的一面

若是你没有坚硬的后台做硬件，要想在竞争中取胜，只有依靠自身的软件了。试想，在到处是才思敏捷的智者的职场里，上司的目光会穿过这么多亮丽的光环看到默默无闻的你吗？如果你不知道去创造机会，有了机会也不知道如何把握，在职场竞争中，失败当然在所难免。所以，你要考虑自己是否有良好的沟通能力，有没有团队精神，外交能力是否出色，是否知道编织自己的人际关系网等。

当然，你所拥有的这些软件必须是其他新人所没有的，这样才能体现你的职业核心竞争力。然后，再通过适当的途径把它们展示出来，让同事和上司了解你的才能，这样你就能得到比其他新人更多的机会，得到更热烈的掌声、更多升迁的可能。

避免与人发生正面冲突

我们常常会将其他新人当作自己的竞争对手，为了升迁，你也许会不择手段地排挤对手：或是拉帮结派，或在上司面前历数他人的不是，或设下"巧计"使得他人失败……但通常，处心积虑的人并不可能成为最终的赢家。

所以，不论在什么情况下都请记住：避免与其他新人发生正面冲突，以免招致上司对你的负面评价。避免与其他新人发生正面冲突的优点有：面对他人咄咄逼人之势仍能保持冷静，会显出你的理智和遇事不乱的大将风度；冷淡他人的攻击，也许会给人造成软弱可欺的印象，但这只是暂时的，在那些能够慧眼识金的上司眼里，他人的尖刻恰恰从侧面反衬出你的大度；以委婉又不卑不亢的态度、方式化解与他人的正面冲突，显示了你有极强的处理突发事件的应变能力；要做到不但面对他人的带挑衅色彩的言行保持冷静，也检讨自己的所作所为是否给他人带来了挑起争端的机会，否则事发后你将处于被动地位，小心行事与适度的沉默会为你省去许多麻烦和尴尬。

良好的职业情商有哪些

刚入职场的年轻人对现有工作的态度，可以决定他是否能尽快升职，职业规划在将来能不能得到实现。

根据哈佛大学教授高曼博士的研究，良好的职业情商包括：情绪的察觉力——能清楚了解自己当下的情绪状态，知道这些情绪所带来的影响；正确的自我评量——能了解自己的长处和短处，以及自己在情绪处理上的能力及限制；自信——肯定自我价值，并在发生冲突时能以自我肯定的方式来进行沟通，解决问题；自我控制力——能处理冲动，冷静面对压力及其他负面的情绪；值得信赖——工作表现必须合乎职业道德，能自我管理；良知负责——能尽一己之责以达成工作目标，遵守承诺，完成工作任务；适应力——有弹性地对待事情，能调整自己的反应以符合不断变化的环境；创新——对新颖的想法和做法保持开放态度，愿冒风险，以求取更佳的表现；成就驱动力——愿意为追求卓越而不断努力，设定富有挑战性的工作目标；工作承诺——认同工作团体，愿意为大家的目标全力以赴；主动——积极主动，随时准备把握机会去完成工作任务；乐观——对未来充满希望，不受眼前挫折影响，坚持达到目标；了解别人——能发挥同理心，了解别人的想法及感受；服务导向——能预期、了解，并乐于满足客户的需求；协助他人发展——了解上司或同事的发展需求，并且乐于支持及协助。

别用不确定的词语谈话

与上司谈话时，最好不好出现“好像”“大概”“或者”“说不定”之类的不确定词语。当你进入了用金钱计算时间的职场之后，你要尽可能地丢掉在学校里养成的这种喜欢用似是而非应答语的习惯。

如果上司问你什么时候能实施你给他的承诺，而你回答“尽快”这样的答案，那么对于他来说完全等同于你没有回答，并且上司还会如此看你：之前没有想到这个工作，或者一直在拖延；没有责任心，认为这些并不重要；在随便应付；不敢说真话；不能独立工作……

所以不要用不确定的词语同上司谈话，面对上司交待的任何事情，请明确给上司一个答复，并竭尽所能地完成；对上司提出的任何问题，知道就是知道，不知道就寻找到答案后再回答，模棱两可的答案是站不住脚的。

纸上谈兵不代表完成任务

牢记这点，对刚从校园走入职场的年轻人来说太重要了。因为当你真正开始实施工作时，会发现原来计划或理论常常是与实际脱节的。所以，你永远需要提升自己办实事的能力，而不是空谈一堆理论。

如果你是在作策划和计划，首先请千万不要把你自己都认为不太可能或者很难做到的事情让别人试试看，这会让执行的同事觉得你在陷害他；其次，和执行的同事讨论你的安排，论证你的计划的可行性；再次，不要奢望一切会随着你的计划进行，要根据实际随时调整自己的计划，不要一味纸上谈兵。

不要让上司或同事等你

无论什么情况之下，都不要让上司或同事放下手头的工作来等你，这很可能导致你失去潜在的合作伙伴，甚至是升职机会。

因为，如果你不能及时完成工作的话，那么，那些做得快的同事就会开始做你的那份工作，慢慢地，大家会发现你的工作完全可以由另外的人来代替，整个团队中可以不需要你，这个时候，不会有人再给你安排工作，因为你已经没有价值，不能为公司所需了。所以，你在做一个工作的同时要知道上司或同事的进度，且永远不要落后。

打造职场胜任力，让工作需要你

所谓职场胜任力，是指你适合组织生存的能力，这个能力主要表现在知识、经验和技能三个方面。以此为核心，全面塑造自己胜任职场生活的能力和素质，使上司和同事们离不开你，这样你就能在最短的时间内得到晋升。

上司下达任务后，你首先要认清自己在工作中所处的角色，明确自己的职责和职权范围。如果是专业技术工作，则要精通各个模块的技术和工作流程，以便控制整个流程和进度。而如果是信息管理方面的项目，则要能够协调各部门的管理，打通上下关节，要有良好的交际和协调能力，以便所有的工作能顺利沟通、进行。

刚走出校园的年轻人，要能在基层潜心学习，以熟悉各个模块的工作，懂得工作的每一个细节，这样在掌控一个大的项目时才能做到心中有数。而唯有如此，你才能顺利地走好职场的每一步。

深入了解自己的能力，明白“自己能在什么地方成为最优秀的”“不适合哪些工作和职位”；认清职业角色、岗位角色，在做“对事”和“对”的方向上发展，对于提升胜任力至关重要；借助角色竞争力，能够最大限度地体现出自己的价值，获得更多晋升的机会。

能有效完成工作的五项要领

1. 充分了解本职工作内容和工作目标，若有任何疑问，主动、适时地与上司、同事沟通，以达成共识。

2. 知道如何区分事情的轻重缓急，以决定处理的优先顺序，有条不紊地完成工作。

3. 每一项上司交代的重要工作，能事先做好沟通协调工作，并制订按部就班的工作计划，依预计时间循序进行，竭尽全力按时、保质保量地完成工作。

4. 列出自己工作上“应为”与“不应为”的因素。举例来说，“应为”项包括：主动出击，以热诚服务来赢取顾客的信赖，对自己公司及产品的充分认识等。而“不应为”因素包括：态度冷漠傲慢，以不实言词或不当手段蒙骗顾客等。弄清了这些“应为”与“不应为”的要素，就等于确立了自己在工作中要遵循的原则，这一点对提升胜任力至关重要。

5. 随时注意观察并学习其他同事表现优异的工作方法，多吸取他们的经验，以提高自己的工作绩效。

提高结构化能力，优化胜任力

结构化能力，是对一个人所具备的综合能力的概括，是学习能力、思考能力、策划能力、领导能力、执行能力等能力和素质的集中体现。结构化能力的强弱，能直接反映出你职场胜任力的强弱。那么，如何提高结构化能力呢？

“结构化”工作的前提是合理规划职业生涯。有了合理的规化后，当一条清晰的职业升职路线摆在你面前的时候，你就更加清楚自己欠缺什么，需要学习哪些知识，强化哪些能力，从而激励你学习充电，并不断寻找富有挑战性的工作机会，以使自己不断得到锻炼和提高，提高工作效率和技能，为向更高一层次发展打下坚实的基础。

学习充电能为你提升结构化能力提供知识准备，并与提升职场胜任力

相伴相生。

在如今这个知识爆炸的时代，学习是你每天都需要做的事情，如果停止了学习，你就是选择了退步，这是非常可怕的。但是，学习充电如果只学习工作需要的内容，这同样不利于"结构化"你的知识体系。

所以，你需要结合你对自己职业生涯的规划，制订相应的学习计划，不断补充知识给养，以此帮助你提升结构化思考和行动的能力。

在工作当中，对于出现的问题，不能浅尝辄止，而是要刨根问底，进行系统思考，深究导致问题出现的原因，找到原因之后，还要问原因的原因，直至找到问题的根本症结，这实际上就是结构化的系统思考。当找到导致问题出现的根本原因之后，再制订结构化的解决方案，使问题得到系统的解决，以此锻炼和提高你的结构化能力。

遇到工作，先别急着行动，而要想好了再去做。因为计划的准确与完善比行动的快捷要重要得多，所以工作时不要一味蛮干，而是要有思路和方案，甚至是多套方案。

制订结构化的工作方案比匆忙行事更为重要。能否制订一个结构化的工作方案也是考验你综合能力的重要标志之一，当你可以把一个方案结构化，把方案所应包含的要素都一一准确定位，对方案所要达到的目标、方案的操作程序、方案的执行者和监督检查者的职责、方案的实施进度和时间表、方案的验收标准等都作出准确的描述和定位的时候，你的结构化能力就得到了提升，也会得到上司的认可和赏识，从而帮助你获得升职的机会。

当结构化的工作方案被获准实施之后，你需要做的就是想尽一切办法使不可能成为可能。这个过程中，你可能会面临怀疑、对抗、不合作等消极因素的压力，但你不能放弃，要顶住压力，不断排除外来干扰，化解矛盾，与方方面面的人保持沟通，积极创造一个团结协作的工作氛围，努力为工作方案的成功实施"加分"，使工作方案最终得以实现。

当你完成了"第二次创造"的时候，你的结构化能力就有了业绩证明，胜任力就有了事迹证明，晋升之路就更加开阔了。

提升工作能力，提高工作绩效

工作能力是你完成工作的最基本要素，是你工作绩效的基本保证，是完成一项工作必不可少的条件。因此，你必须提升自己必备的基本工作能力。

不同的公司和不同的工作岗位对员工的能力的具体要求是不同的。因此，你一定要通过工作分析技术，明确某项工作所要求的能力水平和能力类型，避免因工作能力过剩失去工作兴趣或因工作能力过高失去主动积极性，影响工作绩效。

以提升自己工作能力为主旨的培训与开发活动，能促使自己不断得到成长，为取得个人职业的成功铺平道路。通过充电学习新知识、新技能或更广泛的技能，能使你对不断变化的工作环境形成更强的适应力，减少不必要的工作流动和工作转换，获得更多升迁的可能。

确定工作目标，提升工作效率

有时，我们的工作绩效不仅取决于自身的能力，还取决于工作目标的激励。因此我们要制订合适的工作目标，以激励自己，促进自身工作绩效的提升。

目标管理的过程，实际上是组织目标在整个组织内分解传达，通过合作的目标设置过程，最后变成每一个员工的工作目标的过程。要使得个人目标的设置能真正对自己起到激励作用，就应该考虑组织目标实现对个人发展目标实现的意义，要善于建立二者之间的正相关关系。这样，你在努力实现组织目标的过程中，就会不断地看到实现自身目标的希望，因而工作得更加积极，工作绩效更高。

根据期望理论，只有对自己来说具有一定价值的目标才具有激励作用。因为，人之所以能够从事某项工作并达成组织目标，是由于这些工作和组织目标会帮助我们达成自己的目标，满足自己某方面的需要。所以你所设定

的工作目标要有一定的价值，最好能设定多层次、多通道、多种类的工作目标。

理论证明困难目标比简单目标产生的绩效更高，明确的困难目标比完全没有目标这样的笼统目标产生的绩效更高；而且，挑战性的工作可以激发你的工作热情，让你学到很多新的东西，激发自身的潜能。如果这个挑战经过自己的努力和上司、同事的帮助是可以完成的，那么，当这个目标实现时，它给你带来的自信和成就，会给今后面对更困难的目标的你带来非常积极的影响，令你的绩效更加显著。

第11章

职场逆商：遇到难题这样灵活应对

★★★ ★★★

想必，每个年轻人在职场上都或多或少会经历逆境或遭受失败。对于那些逆商低的年轻人来说，这是非常痛苦的，他们甚至会慢慢选择放弃；但对于那些敢于面对现实、逆商高的年轻人来说，经历逆境或遭受失败恰好是职场的必修课，可以从中汲取教训，获得通往成功的经验，磨炼出自身的意志，激发自身的斗志，使他们学会调整自己的行为，以更佳的方式实现自己的目标，成就自己非凡的事业。

职场新人的炼金石——逆境

虽然逆境给年轻人的人生带来痛苦,但它也是你命运的炼金石,见证着优秀的你的诞生。这种炼金之美,只有经历过的人才能感知其色彩。如同成语“蚌病成珠”所言,如果说珍珠是蚌艰苦磨炼的结晶,那成功就是年轻人在接受一次次挫折后所得到的奖赏。走向生命之巅就像爬山,只要你在半山腰克服了疲惫、在后悔时选择了坚持,等待你的便是山顶上那“会当凌绝顶,一览众山小”的美景。

曾经有人说过:世间荣誉的桂冠,都是由荆棘编织而成的。职场新人只有以逆境为绳,才能编织出一朵灿烂的、令人折服的生命之花。逆境是无处不在的,没有人一生是顺顺当当、波澜无惊的。其实逆境并不可怕,只要我们能灵活应用,勇敢地超越它,就能掀开命运的华章。

逆境是你生命中的一部分,没有逆境的人生是不完美的,从开始走路,学说话,学写字,我们就是从逆境中一路走来,并灵活应用我们的思维,在逆境中成长。逆境也许会阻碍我们前进的步伐,但没有逆境这块炼金石的历炼,我们就不能学会坚强,就不会拥有斗志,就不能在职场上立足。

俗话说:沧海横流,方显英雄本色。在你的职业生涯发展历程中,不可能不遇到逆境。关键是如何作好接受逆境和挑战的心理准备,用智慧和能力克服逆境带来的困难,把逆境转化为有利于自己发展的顺境。

测测你的逆商是多少分

如下试题是目前企业在应聘员工时使用最多的逆商测试题之一。它将AQ(逆商)划分为持续时间、主动性、影响范围、控制感四部分,分别从这四个维度衡量一个人的自我控制能力、心态的积极程度以及对环境、周围人群和自我情绪的把握能力。

说明:以下问题的选项均为 A 完全;B 大部分;C 一半;D 一些;E 一点也不。第 1、2、3、4、5、11、12、13、14、15、20 题,从 A 到 E 分值分别是 2、4、6、8、10 分。第 6、7、8、9、10、16、17、18、19 题,从 A 到 E 分值分别是 10、8、6、4、2 分。总分 200 分,测试者需在 20 分钟内完成。

持续时间：以下测试题能反映出一些事情对职场人所产生影响的持续时间，以及职场人对逆境持久性的认知。

1. 经过全面搜索，你仍没有找到那份重要文件。该事件的影响将会。

2. 你的钱似乎永远不够花。该事件带来的影响将会。

3. 你丢了对你来说十分重要的东西，该事件带来的影响将会。

4. 你不小心删除了一份十分重要的邮件，该事件带来的影响将会。

5. 你没能得到急需的假期，该事件带来的影响将会。

主动性：以下测试题将能反映出职场人士应对问题的心态积极程度，愿意承担责任、改善后果的情况。

6. 你正陷入经济危机，你能否改善这种情况？

7. 即使知道自己应该每天按时锻炼，你也无法做到，你能否改善？

8. 你的私人生活和工作职责出现失衡，你能否改善？

9. 对你提出的最新观点人们持反对意见，你能否改善？

10. 你的电脑系统又崩溃了，这已是本周发生的第三次，你能否改善这种情况？

影响范围：以下测试题将反映出一些职场事件对测试者所产生的影响力范围，逆境对工作、生活及其他方面的影响。

11. 老板坚决不同意你的决定，该事件对你的影响大到什么程度？

12. 你错过一个重要约会，该事件带来的影响将会？

13. 你正在处理的工作突然被中止，该事件带来的影响将会。

14. 赶赴一重要约会时，你在路上总遇到红灯，该事件带来的影响将会。

15. 你刚刚完成的一项工作受到了批评，该事件带来的影响将会。

控制感：以下测试题将反映出一个人在面临问题时的自我控制能力，指一个人对逆境有多大的控制能力。

16. 你错过一次晋升机会，你认为自己应为改善这种状况承担多少责任？

17. 你正在参加的会议完全是浪费时间，你自认为应为改善这种状况承担多少责任？

18. 你组织的活动没能达到目标，你自认为应为改善这种状况承担多少责任？

19. 对你试图讨论的某个重要问题，你尊重的人并不理睬，你自认为应为改善这种状况承担多少责任？

20. 如果对你很重要的网站连续关闭一周或很长时间无法登录，对你的影响是？

【测试结果】

0～59分：这种人一遇事情就觉得天要塌了，惊慌失措，或是逃避，做事没劲头，没信心，没有持之以恒的毅力。（60～94分是较低逆商）

95～134分：不能充分调动自己的能力和潜力来应付困难局面，觉得花了很大精力，还不时有无助感或失望心态产生。（135～165分属于较高逆商）

166～200分：这类人看问题深刻，能分清问题的前因后果和自己所处的位置，找出尽可能有利或减少负面影响的方案来。

高逆商，你的制胜法宝之一

在人们曾经的思维中，智商是事业成功的关键。慢慢地，人们逐步认识到情商对事业成功的影响力。近年来，职场专家们越来越注意到逆商的重要性。事实上，智商、情商、逆商是相互影响、相互作用的，只有三商有机结合，才能推动职场新人成长、成熟、成功。

在瞬息万变的职场上，新人们随时随地都可能经历逆境的考验。比如，经济不景气，饭碗岌岌可危；别人的过错导致你负责的项目搁浅；办公室气氛紧张，工作状态低迷等。这时候，提高逆商才能帮你改变现状。

高逆商的人看问题往往非常透彻，能分析问题的前因后果，能分析自己所处的位置，找出尽可能有利或减少负面影响的方案。这类新人能经历困境、逆境而不在心态上被击倒，失败了再来。最终这类年轻人的事业多半是成功的。

所以，对刚走出大学校门的年轻人来说，现在要做的重要工作便是提高逆商，在逆境面前形成良好的思维方式与行为反应方式，以大大提高自己的职场生存能力；而不要做“草莓族”——外表光鲜亮丽，实际一碰就碎。

年轻女性更需要提高逆商

心理专家认为，职场女性的逆商要低于男性。在我们的社会中，女性往往是“娇弱”“需要怜惜”的代名词，所以家长、学校在教育过程中不免男女有别。女孩犯错时，周围人的态度会温和许多。长此以往，女性面对逆境的反应能力就差了很多，消极心态也相对严重一些。

对刚走入职场的新人们来说，工作没有性别之差，谁都可能遭遇各种各样的逆境。但由于逆商的差别，年轻女性遇到困境时，更容易感到沮丧、迷茫、退缩。因此，年轻女性想要获得进一步的职业提升，除了必须具备一定的实力和机遇外，还需要提高逆商，能有担当地面对逆境。

职场女性要学会保持心态上的豁达乐观，用一种“车到山前必有路，柳暗花明又一村”的思维方式，把逆境当成挑战，并积极接受挑战；要想着怎么面对逆境才好，而不是一味抱怨、逃避。相信，你的逆商提高之后，你处理工作中棘手问题的能力也会水涨船高。

如何提高逆商，面对逆境

了解自己，说起来简单，做起来难。现实的自己和理想的自己之间常常会产生冲突。有的年轻人理想中的自己比较完美，更希望成为一个具有非凡成就、像自己崇拜的英雄一样的人。但现实中往往难以实现自己的目标，进而容易产生对自己不满意的心理，遇到挫折便自暴自弃，觉得自己所想的一切都是空想。

其实，真正地了解自己是指知道自己的优缺点并扬长避短。因为每个人都有自己的优缺点，所以对于自己的优点要好好经营，形成个人竞争的资本，找到属于自己的路。若是你以短处来谋生，自然会在卑微和失意中沉沦。对于自己的短处要正视它，不要害怕，不要逃避，努力完善即可。

如此，你才能让自己变得成熟和强大。只要能够正确看待缺点和不足，主动去提升自己，就会发现，这些缺点和不足会让你不断进步，你的职场生涯也会越来越顺利。

年轻人在刚走出校门、进入职场时，应该结合自己的实际情况为自己制订职业规划及树立目标，因为有目标才会有动力，才会找到适合自己的位置。

这里，制订的目标一定要切合实际，不要选择与自己实际能力悬殊的志向，或者离现实太远、没有实现可能性的目标。不可能实现的理想会打击人的自信。此外，树立的目标不能反复无常。经常改变志向的人看起来令他们踌躇满志，实际上并不知道自己想要什么，见异思迁的习惯终究会令他们一事无成。

确定好自己的目标后，就要朝着它不断迈进，坚持不懈，哪怕遇到再多的困难，也要勇敢迎接挑战。有目标在，你就能看到希望；而不懈的努力，则能让你一步步接近目标。

学会调节情绪，为自己减压

逆境来到时，你需要寻找适当的方法来调节情绪、自我减压。年轻人，经历的事情少，遭遇挫折时，产生负面情绪是很正常的事，但不能因此而丧失斗志，一定要会及时调节情绪、告别忧郁，走出阴影，再次开始战斗。

年轻人要明白时间的重要性，一定不要把宝贵的时间与精力放在对昨天的悔恨上，与其让这些无可挽回的事实破坏情绪，还不如坦然接受，选择遗忘。时间可以冲淡一切，而我们要努力使这个时间缩到最短，从容、充实地生活在今日。

想要学会调节情绪，还要会用美好的事情来充实生活。比如，热诚地去做一些令人兴奋的事情——聚会、唱歌、打球等，这样就能排解郁闷，不被沮丧失落的情绪占据心灵。

压力也是威胁职场新人身心健康的隐形杀手。适当的压力能够改变你自身固有的惰性，而过大的压力则会成为你的心理负担，使你忧虑、紧张和恐惧。当你在职场中遇到过大压力时，应采取积极的办法减轻压力，而不是忍受和逃避。

为自己减压最有效的办法是营造积极心态，相信自己，不苛求完美，也不管别人怎么看，更不为还未发生的事过分担心。怀着一颗平常心，尽自己最大努力去做事，自己能为自己做的每件事打满分，觉得自己能学到东西就好。

《《《 鼓足自信跨越难关 》》》

职场，正如没有硝烟的战场一样，充满了竞争、残酷。在以成败论英雄的繁忙工作中，谁能从始至终地鼓励、支持、信任初入职场的年轻的你呢？只有自己，只有你自己才能同你漫步人生路，感受岁月的洗礼、职场的变迁，只有自信才能让你更好地迎接各种挑战，充实自己的生命！

自信是你在职场中必须养成的一种习惯，也是你应该长期坚持的一种态度。自信会让你更深刻地认识自己所扮演的职业角色，更明晰地了解自己所具有的优劣势，更充分地发掘自己的潜力。这样，你才能有所成长，成就不一样的自己。身居职场的你拥有一颗自信的心，就拥有了发言权，就会承担新的更具挑战性的工作，也会得到升迁的机会、成功的可能，最终描绘出一幅波澜壮阔的风景！

在我们所处的这个越来越强调人际关系和相互合作的现代社会里，妄图仅凭一己之力去开辟一个个人空间，或是埋头苦干，做好本职工作就想收获成功，似乎越来越行不通了。走向成功的可能条件之一便是：自信而勇敢地说出或实施自己的想法和主张，挺身而出维护自身的尊严和权利，并尽力去影响同事、上司及客户，形成一种自信的氛围，增强彼此的凝聚力。只有自己昂首挺胸，信心十足，才能在刀光剑影的职场中出人头地，闯出一片天。

冰冰应聘到一家公司做翻译工作，这是她大学毕业后的第一份工作。没有例外，冰冰跟大多数新人一样每天做的事情都是打杂，做基础工作，很多时候专业无以致用。

一天，公司来了外宾，但公司宁愿外聘事务所的翻译，也不愿意让冰冰小试牛刀。但是，冰冰并没有因此垂头丧气，她想，只要自己时刻准备着，一定能有派上用场的时候。每天下班后，冰冰总待在办公室里自学商务英语方面的知识，同时翻译一些有关书籍。后来，公司又要接待一批重要外宾，上司走过来对冰冰说："冰冰，明天你来试试翻译，这下看你的了。"

冰冰想，时机终于到了，一定要好好表现。隔天，冰冰翻译时非常顺利，外宾豁然开朗，上司也感到惊喜，甚至询问她是否留过学。事后，上司与冰冰谈话，说当天冰冰举手投足流露出的自信深深地打动了自己，令自己对她这个职场新人刮目相看了。

冰冰的经历告诉我们，对于新人来说，与上司、同事相处都需要一个适应期，都会经历一段难熬的被低估期，但无论如何，我们都要保持自信，相信

自己一定能行。因为自信心能使一个人潇洒自如地直面人生中的任何坎坷,并以艰苦卓绝的奋斗改变自己的命运,出色地描绘自己的人生画卷。

在职场上,可能你只是个不起眼的小角色,这时,自信就是你生存的法宝。面对工作,你应该积极主动地向前迈进,并对所有人大声说出“我行”“我可以”。尽一切可能去积极争取表现你自己的机会,比如:申请主持一个会议、施行一个方案、主动帮上司寻找解决问题的方案、主动为同事做力所能及的事情、真诚地为客户提供服务……哪怕你只能做到其中一点,你的内心都会发生变化,都会促进你自信心的增长。随着人们逐渐加深对你的认识,慢慢开始信任你的能力,意识到你存在的价值,你在公司的地位就会发生明显改变,而你的生活也会变得丰富起来。

能让你实现这一切的就是自信。无论在什么情况下,都要对自己充满信心。不管面对怎样的职场挑战,都要勇敢地对自己说:“我是这个世界上独一无二的存在,我是最棒的,我能胜任,我能应付各种挑战,我能创造理想的业绩,我的潜力是无穷的。”相信自己能够成功,是叱咤职场的绝对条件;相信自己是胜利者,才能笑到最后。

自信心如同你能力的催化剂,它能激发你的一切潜能,将你身体的功能全部调动起来,使各部分的功能发挥到最佳状态。在自信心的驱动下,你敢于对自己提出更高的要求,即使失败了,也不会害怕,因为你相信风雨过后是彩虹,你终将成功!

鼓励自己,增强自信

在低谷期要相信自己,进行自我激励是培养逆商的好方法。因为人们大多根据自我评价来指导自己的行为,所以要肯定自己做过的努力,相信自己潜在的能力,并且坚定信念,不妄自菲薄,如此才能不怕失败,越挫越勇。

鼓励自己是增强自信最有效的方法。鼓励自己属于一种心理暗示,心理暗示是人或环境以非常自然的方式向个体发出的信息,个体无意中接受这种信息,从而作出相应反应的一种心理现象。比如,“望梅止渴”就是心理暗示的典型例子。鼓励自己是一种被主观意愿肯定了的假设,不一定有根据,但由于人们主观上已经肯定了它的存在,心理上便竭力趋于结果的内容。

所以,职场新人要学会鼓励自己,相信自己一定可以做到,一定能战胜一些困难,迅速成长起来。懂得鼓励自己的年轻人,不会在一时的失败后怀疑自己，而是会坚持用积极的心态面对困难，主动寻求解决问题的方法，最终获得成功，成为上司眼中的红人。

抛弃抱怨的习惯

《绝望的主妇》中，一群主妇整天围在一起抱怨，而不是积极行动解决问题，这对改变现实毫无作用。在职场中也一样，出了事情就相互抱怨，却不谈方法和具体行动，也是年轻人应该抛弃的习惯。

要做一个高逆商的职场新人，就一定要抛弃抱怨的习惯，积极着手解决问题，采取行动，突破困境。如果每次你都能有意识地这样做，逆商就会在不知不觉中提升很多，而逆境也会随之减少。

幽默是一剂良药，能使你的上司或同事在工作沉闷无聊之时被你逗得哈哈笑。大家受到鼓舞后，从悲观情绪中走出来，工作自然就高效了，自然也就提升了主动性指标，你自己也可提升逆商指数。

若是你实在没有幽默细胞，可以借助外力提升情绪，如找一些幽默小故事看，或者去做一些有兴趣的事情。保持乐观积极，多储备一些“笑料”，待到合适时机再抖出来，相信结果也是非常棒的。

阿Q的最大特点就是凡事往好的方向看。提高逆商也一样，凡事看优点，往好的方面想，能将你的心态调整到最佳状态。比如，你被减薪，可以这么想：很多公司都裁员了，而我多幸运啊，仅仅是少拿点钱。相信等经济紧缩过去，增加收入的机会在后头呢！懂得在逆境中找机会，在逆境中积蓄能量，是战胜逆境的精彩表现，也是最明智的举动。

前面说的是一些心态行为调整的小技巧，也许还不够具体。现在为职场新人们介绍一个能具体操作的方法：你可以撰写一段时间的逆境行为日记，记录你在面对逆境时的心理过程、行为、心态，结合逆商具体各项指标，对自己一天的行为总结纠正。经过一段时间的训练，你就会有意识地做一个高逆商的人，而自己面对逆境时的种种恐慌感自然也就消失了。

逆境中明确职业定位

逆境是令人沮丧的,但是如果你提前为自己作好职业规划,知道自己的职业方向,了解自己的优势与特长,清楚自己能够胜任什么工作,就可以快速解决问题,并调整好心态准备迎接新的挑战。

如果做到了未雨绸缪,就很可能不被逆境所淹没,甚至可以通过逆境让自己重新找到职业定位和目标。对于清楚自己职业规划的年轻人来说,逆境意味着遭受到外界的强力干扰而形成职业生涯发展中的困难。此时,应该整合所有的资源,按照自己既定的规划,找到适合自己发展并能解决问题的方法,朝着自己规划的方向走,保持职业生涯的延续性并有所提升。

职场新人需要有明确的职业定位,有针对性地去解决问题,要把“危机”变成“转机”,积极地出谋划策,以尽快渡过这段非常时期。

把握逆境中的机会

如果你想成为一个成熟的职场人士,那么你在走进职场的第一天,就应该有危机意识。这种危机意识不仅是正视与职场内同事和职场外同等资质人群的竞争,还包括站在自身长远发展的角度不断引导自己找到更加适合自己的职业发展之路。

当今世界,职场竞争压力进一步加剧,所以你要针对现有岗位的职责需求,尽量做得更好,不仅要能够出色地完成本职工作,更要能够兼任其他岗位的工作,成为节约型人才,这样,被别人取代的可能性就会小一点,在逆境中抓住机会的可能性也大一些。

除了做好本职工作之外,做个职场有心人也很重要,如关注行业的一些发展动态,这样,能帮助你发现更多机会。

总之,在平时的工作中,要全力以赴地做好每一件事,为公司创造最大的价值,凸显出你的竞争优势,努力获得你的职场最高分,如此,当逆境来临时,相信所有人都愿意帮你渡过难关。

面对逆境,最好的预防措施就是做到未雨绸缪。对于刚入职的年轻人来说,最重要的事就是规划自己的职业生涯,同时,做好逆境预案也是非常有必要的。

对于一个有着清晰职业规划的年轻人来说，逆境往往可以转换为一次转机，他能把握好自己的发展轨迹，在更好的平台获得更大的发展；而对于没有职业规划的年轻人来说，任何一种外界带来的风险都很可能将是一次灭顶之灾，因为没有规划和目标，他在哪里都将一事无成。

未雨绸缪，将所有危机防范于未然，胸有成竹地面对逆境，这才是年轻人最重要的职场生存之道，也是人生的闯荡之道。

加强自身竞争实力

面对随时可能会来的逆境，你在处于整个职业生涯发展的高度为自己进行规划的同时，还需要时刻保持职业危机感。除了学习与自己工作有关的专业技能，还要积累一些可转换技能，如沟通能力、协调能力、管理能力等，这是让你有能力面对逆境的武器之一。

同时，在认清自己优势与劣势的基础上，要清楚地知道自己哪些方面需要充电，要在不断认知自己的过程中作出正确的定位，明确自己的发展目标，提升核心竞争能力，做好逆境预案，让职业生涯发展得既快又好，让自己各方面的能力提升得更全面。

年轻人如何应对困境

刚走出校门，很多年轻人尚未完成从学生到社会人角色和心态的转变。他们遇到问题时满腹抱怨，似乎出错都是别人的，而缺乏担当的心态，不能主动担负起自己应肩负的责任。

因此，尽快完成角色转变和心态调整、从注重理论和逻辑推演转变为注重实践便成了年轻人的当务之急。

良性沟通、促进共识是你和同事能顺利开展工作的前提，然而因为当下的年轻人自我意识越来越强，所以与同事的沟通便成了亟待加强的部分。

完善沟通有助于建立你和同事的默契，建立未来一同面对逆境的团队凝聚力。

开展工作时，难免会遇到各种各样的问题。所以，要加强你的应急能力，使自己能全力去解决问题。在问题解决后，还要记住思考问题形成的原因，继而优化自身的工作方式、业务流程设计等。

只有不断完善自己的业务体系，才能让自己在面对逆境时更从容自如。

职场中，年轻人常常会受到自己的预期的影响。当预感到未来的结果可能不理想的时候，新人们会不自觉地降低自己在当前工作中的努力程度，却不愿意相信自己的努力对未来可能产生的影响。因此，需要制订周详而细化的计划并在实践行动中努力实现，进而完成自身的蜕变。

身处职场，刚走入社会的年轻人的工作方法更多的是通过个人的直观反应来展开的，而人的直观反应，通常是存在偏差的，因而会漏掉很多事实上重要的或潜在的问题，以致在工作中给自己制造出困境。

因此，你要学会持续不断地对工作进行全面、综合和系统性的分析，有条不紊地保证工作的条理性和计划性，保证工作的健康持续发展，从而一步步走出困境。

遇到经济困境，如何处理

大部分刚工作的年轻人，月薪基本在两千元左右。刚参加工作，薪水低，花销却不少，到月底能够自主支配的资金更是少得可怜。所以，能省则省，该用再用，发挥每一分钱的价值，是应对经济困境的最基本原则，也是开始理财的前提。

因此，好好计划支出，可为未来积攒一大部分资本。另外，手头留有部分备用资金，更能预防人生风险，以备不时之需。这时的你，可以选择风险较小的理财产品，其中储蓄和国债是最佳选择。没有足够的把握，不要进行风险较大的投资。高瞻远瞩，未雨绸缪总是必要的。

对于持卡一族而言，都知道信用卡具有最长两个月的免息期。而初涉职场，手头可供支配的资金少之又少，这时可以办张信用卡，刷卡消费，将工资存入银行，利用其免息期赚取利差和积分，合法赚钱。

此外，只要与银行有过信贷关系的人，都会在银行个人信用系统里留下其信用记录。如果信用记录良好,银行在为其办理房贷等贷款时还会提供优惠利率,因此,信用积累也是一笔不小的财富。切记,你一定要合法使用信用卡。

都知道“天有不测风云,人有旦夕祸福”,因此,早点买一份保险,给自己和家人一份保证,是必不可少的。同时,保险也是理财的一个重要手段,因此,你要依据自身健康、工作等情况,综合分析各保险公司的险种,然后选择一种保障险,而分红险也是有必要考虑的。

俗话说“活到老,学到老”,就算你走出了校园,也不代表要结束学习。要在社会上立足,就要做到有形知识和隐形知识一起学习,知识和做人齐头并进。

所以,你在充电方面的投资是不能省的,例如,参加适合自己的培训班,进一步进修等。相信,在未来的职场当中,时刻充电的你能够获得更多无形的回报。

适当放弃,未尝不可

适当放弃是你对生活的明智选择,只有懂得何时放弃的人才会事事如鱼得水。职场如戏,我们都是导演,只有懂得适当放弃的人才能创作出赏心悦目的精彩电影!

古人云:“鱼与熊掌不可兼得。”你的一生,需要放弃的东西很多,如果不是你应该拥有的,就要学会适当放弃。漫漫职场旅途,有山山水水,有风风雨雨,有得有失,只有学会了适当放弃,你才能成熟,让职场之路走得更轻松。

刚入职的年轻人要懂得适当放弃。一个新人如果背负的东西太多,心就会变得很复杂;若想轻装上阵,就应该舍下一些不必要的东西。年华似水,你总会面临无数的选择、取舍,放弃一些东西常常是艰难的,因为它们或美丽或诱人,但当你勇敢地放弃之后,也许你会发现:原来适当放弃也未尝不可。

人的欲望像无底洞,什么都希望能兼备,但现实是矛盾的,职场中该适当放弃时就要放弃,切不可让得到的也成了另一种意义上的失去,只有这样,你才能学会珍惜。我们都知道,计算机中的回收站是要经常清空的,否

则会占用过多的空间，影响计算机的运转速度。年轻人的职场生涯也是如此，你不能扔掉一切，但你也不能全部保留。聪明的人应该既善于保留，更善于舍弃。要明白，成功是需要用眼光去辨别的，更需要勇气去放弃。

职场中，总有许多的东西诱惑着你，在一程又一程前进的旅途中，你要学会放弃，才能发现不同的风景，享受不同的快乐。背负太多欲望的人，会让自己疲惫不堪，只有适当地放弃，才能得到真正的快乐。

人并不可能总是拥有全部幸福，当你身处逆境时，同样如是，逃避不一定躲得过，面对也不一定最难受，得到不一定能长久，失去也不一定不会再有。很多时候，你放弃后才能发现原来事情的答案并不止一个，换个思维，一切就都不一样了。

年轻人懂得适当放弃，是让你正确地审视自己，充分理解"失之东隅，收之桑榆"的妙谛；年轻人懂得适当放弃，是你人生旅程的一种超越，让你在逆境中多一点中和的思想，静观万物，体会职业别样的诗意；年轻人懂得适当放弃，是一种胸怀，更是一种升华，能使你的职业生涯更加简洁，让你感受到内心的宁静平衡，绽放成熟的美丽！

如何培养面对职场逆境的勇气

不敢发言的新人，并不是不会，往往是因为他缺少自信。他常常这样想："如果我说错了，老板会批评我，同事们会嘲笑我，等下一次再发言吧。"结果，下一次机会来了，他仍然不敢发言，于是他变得更加胆小。

事实上，完全不是这样，即使你说得不对，上司也会善意地纠正你，同事们也会提醒你，让你明白自己遗漏了哪些。所以，不要害怕发言，一定要争取做会议上第一个发表意见的人。

人走路的姿势能反映出人的情绪。自信的人挺胸抬头，自卑的人含胸低头。所以，走路时，你一定要把胸挺起来，把头抬起来，让自己觉得自己很优秀，久而久之，别人也会认为你很自信，愿意和你一起做事，而你也真的优秀起来了。

讲话时，要正视对方，看着对方的眼睛。这一个简单的举动能告诉对方：你很诚实，而且光明正大，你所说的话都是真话。

注视着对方的眼睛说话，不但能赢得别人的信任，还能给你信心，让你更加有勇气面对一切。

每个人都有别人没有的长处，只要找出自己与众不同的地方，你就会为自己而骄傲，就会勇气倍增了。

面对逆境，感到无能为力时，如果你给自己的朋友写封信，倾诉自己心中的烦恼，告诉他自己的困境在哪里，那么无论朋友是否回信，你都会觉得轻松许多。

如果朋友给你回信了，告诉你这是小事，不必放在心上，并告诉你你很棒，一定能解决问题的，这样，你更会放轻松，重新凝聚勇气来解决问题。

若是你觉得自己实在是胆小怕事，极度缺乏勇气，不妨走到自然中尽情地大喊大叫一番，这样，你立刻会觉得自己声音十分洪亮、发现自己原来也很有勇气。当然，场所一定要选择在不影响他人生活的自然环境中。

“我能行”三个字，是一种很强的正面信息，是初出职场的年轻人的一颗巨大的定心丸。你天天对自己讲几遍“我能行”，慢慢地就会发现自己拥有了极大的自信心，极强的勇气，浑身竟有了使不完的劲儿。

正是在“我能行”的鼓励声中，你顺利地完成了任务，渡过了逆境，保持着“不怕虎”的旺盛精力，保持着自己渴望的激情，学会发现自我的进步，不断地激励自己，在“我行”“我能行”的自我肯定中发现自己“我真行”，将自己的潜能最大程度地发挥。

所以，越是面对你所害怕的困境，越是发现你缺乏勇气，就越要鼓励自己“我能行”。当你做了一直害怕做的事，渡过了一直害怕的困境，就会发现，自己真的勇气大增，真的成熟起来了，真的成为了不起的职场人士了。

年轻人要有职场生存勇气

面对每天重复的工作，难免会渐渐形成一种习惯。当然，从好的一方面来说，这表示职场新人对工作逐渐上手、越来越熟练了；但是从不好的方面来看，如果你每天面对每一个状况都是用同一种思考模式、同一种方式来处理，就很可能成为整个团队往前迈进的障碍，而你在面对逆境时，甚至可能不知道如何突破，如何才能解决问题。

所以，职场新人应该建立自我挑战、突破现状的习惯，常常思考还有没有新的解决问题的方法、如何才能完善自己的工作流程。经常做到求新求变，才能在职场生活得更好。

你要从一个职场新人蜕变为卓越的职场精英，关键是要有勇气追求卓越、不断要求臻善至美，从不随便妥协，也不随便放弃，且不过分自傲，对事物非常执着。当然你也可能失败、身陷困境，但只要有你有勇气，能不断追求卓越，就终会有拨开云雾、看见成功的一天。

能独立思考与判断，不人云亦云，不盲信盲从、盲目追随流行，不哗众取宠，不为了讨好上司、老板、同事而放弃原则或失去立场、不顾真理和正义，是年轻人应该学习的方面。如果你总是选择没有声音、没有意见，只站在人多或权力比较大的那一边做墙头草，或许日子会比较好过，但长期来说，未来你要面对的逆境会更多，职业生涯将走得无比艰难。

身处职场，不管你是同上司打交道，还是和同事沟通工作、和客户商谈业务，总会存在矛盾、发生不愉快的事。当这些事情发生后，如果你不能及时排解情绪，就很容易积攒下不快乐的因素，进而影响工作的心情。

所以，不妨用一颗博大的心来看待一切，如果你对所有的一切不快乐、矛盾都选择原谅，都能站在对方的立场上考虑，那么你就真的是一个非常有勇气的人了，也具备了成为职场精英的素质和修养。

适时转移自己的注意力

面对逆境，转移注意力是最好的办法，年轻人只有学会轻装上阵，才能善待自己，凡事不跟自己较劲，轻松地享受工作。

当前，工作频率的快节奏，工作强度的高负荷，工作环境的多变换等，让刚入职场的年轻人日子过得忙忙碌碌。重压之下，一旦遭遇逆境，更感如乌云一片，如若将注意力过分集中在这片乌云之上，则可能产生不健康的心理定式，影响自己的工作心情或生活状态。

如何改变这种状况呢？最好方法就是转移对逆境的注意力。其实，每

个人的注意力是有限的。当你在注意一件事情的时候，往往注意不到其他事情。所以，从重重抑郁中摆脱出来的方法并不复杂。所谓在逆境中改变注意力，简单说来，就是改变你脑海中的“电影”，如果你不喜欢这部电影，就不要再在脑海里播放那些片断了，而应该去选择一部新的、喜欢的“电影”播放，如此，就很容易地改变自己的心态，进而改变自己所处的状况了。

当你感到逆境的压抑时，不妨适度转移你的注意力，如适度想象，也可以多做点其他的事，听听音乐、看看书或唱歌等，还可多想想自己曾经“呼风唤雨”的辉煌，以尽快摆脱逆境的阴影。

职场新人的工作、生活总处于不断变化中，你也总是在遗忘——记忆——遗忘这样一种循环中描绘日子。当你身处逆境时，更要学会“遗忘”，尝试着不给自己的思想留有空余时间，让自己忙碌起来，使自己在忙碌中转移注意力，忘掉痛苦的事情。这样，你才能信心倍增、干劲高涨、勇气十足，慢慢地走出逆境，重新拥有希望。

总之，你所遭遇的逆境并不像青面獠牙的魔女一样让人可怕，每个人都曾与其交战过。在你向往那些坚韧不拔、百折不挠的职场达人时，请相信，你也能将逆境像擦灰尘那般轻轻抹去。只要你能适当转移自己的注意力，让心中充满阳光，面对困难，能抬起你不愿屈服的头颅，你就能笑着对全世界说：命运掌握在我自己手里，我的事业我做主！

管理好你的负面情绪

当一些负面情绪袭来的时候，我们要及时制造宣泄管道，避免负面情绪淤积心中，造成情绪大拥堵。日记像一个无声且又安全的朋友，把你的所有烦恼向它诉说吧，它会默默地倾听、接纳你的一切。

写日记，可以宣泄心中的情绪，缓解压力，让你倍感轻松，同时还可以帮助你捋清思路，找到对策，让问题更容易解决，让逆境看起来没那么难以逾越。

年轻人如果喜爱运动，那么其患抑郁症的概率会明显小于那些不爱运动的年轻人，因为运动本身就是情绪的变相宣泄，它不但可以转移注意力、强身健体，还可以刺激分泌快乐物质——内啡肽，从而让人的精神面貌焕然一新。

此外，找一个值得信赖的朋友倾诉你在工作中遇到的逆境吧，这样，不

仅能宣泄不良的情绪,还可以得到朋友多角度的观点,有利于多角度地看待遇到的逆境,从而增加你解决问题的灵感。

糟糕至极是年轻人面对职场逆境时的本能反应。这种心态危害非常大,甚至超过了逆境本身,会让你失去原本可以顺利解决困境的能力。

所以,当你遇到逆境时应该使用去糟糕法,即用“没有那么糟糕,因为……”造句。这种句式可以唤起你的积极思维方式,让注意力自动转向积极的一面,感受到事情至少没有那么糟糕,可以让负面情绪的危害减少到最小,产生不过如此的感觉,让你认识到逆境是能解决的。

积极冥想法,即为在遇到逆境时,用“太好了,因为……”造句。这种句式可以让你把注意力转向事件积极有利的一面。积极冥想与去糟糕法的区别在于,前者是主动地挖负面情绪和事件本身的价值和意义,让人感受到遇到的情绪是有意义的,可以是件好事,至少是正常的,为解决问题作好心态上的基本建设;后者是把事件的危害性减少到最小。

兴趣是最好的老师,也是最强的工作动力。找到自己最感兴趣的事,投入地去做,等到心情好了,思维灵活了,办法自然也就多了,问题自然也就迎刃而解了。

年轻人在工作中要多承担责任,不与外界绝缘,要将自己与环境串联起来,与外界保持互动。这样既可以避免自己独自面对逆境时容易陷入的负面情绪旋涡,也能发展广阔的人际关系,有益身心健康,寻求到更多帮助。

相信,所有的情绪都具有一定的冲动性,有瞬间宣泄的倾向。但冲动的情绪如疾驰的汽车,若不加控制,则有可能令人在情绪的道路中车毁人亡,造成无法挽回的后果。所以,碰到一些冲动负面情绪时,你要马上对自己说:我5秒钟之后再发作。也可以学《武林外传》中的郭芙蓉,对自己说:“世界如此美好,我却如此暴躁,这样不好,这样不好。”

这是神奇的5秒钟和一句话,能让你避免很多冲动的言行。

将情绪时空转移,安排在专门的时间内发泄负面情绪,就是说,其他时间该做什么还做什么,每天有固定的时间用来发泄负面情绪。你可以安排

每天晚上几点到几点专门用来发泄负面情绪，把一天当中产生的各种各样的负性情绪在此期间表达出来。

其实，真到那一刻，你往往已经变得冷静了，发现情绪平稳了，甚至觉得这个事情也没什么大不了的，不至于动怒。久而久之，你的情绪就稳定下来了，而你面对逆境的能力便增加了。

如何转移负面情绪

如果工作上的逆境来得比较突然，让你感觉惊慌无措，甚至方寸大乱，那么，你就没法冷静地思考问题了。这时候，你应该试着将问题推迟思考，先释放出负面情绪，再冷静地想出解决问题的方法。

要提醒的是，一定要用比较有效、快捷的方法释放压力，如唱一首快歌、大声疾呼等，待释放压力后，再冷静分析，以免影响工作的进度。

如果工作上的逆境比较大，而且是一环扣一环，很难解决，这时候，你就要学会将问题分解，逐一击破。这样，当你完成了简单的项目时，你就会产生成就感，在无形中受到一种鼓励，从而提高你的自信心，激发你发挥潜能，更有助于解决下面的项目，令你成功从困境中突围。

你只有学会让自己安静下来，才能沉浸思维，慢慢降低自己对事物的欲望。学会经常自我归零，让每天都是新的起点，你会赢得更多的求胜机会，增添更多面对困境的勇气和信心。

你只有爱自己，才能有更多的能量去关爱上司和同事，还有朋友。若是你有足够的能力，就要尽量帮助你能帮助的人，那样你得到的就是更多的快乐，也能缓解不少工作的压力；同时，当你面对逆境时，也会有更多人帮助你。

你要学会多和自己竞争，不要嫉妒别人，也不要羡慕别人。人们往往都是由于羡慕别人，而把自己当成旁观者，越是这样，越会把自己推入深渊。请相信，只要你去做，你也可以，你完全是可以胜任任何工作、跨过任何困境、实现任何成就的。在职场上，与自己竞争，才会其乐无穷。

无论你在职场上遭遇怎么样的困境，都不能自己看不起自己。你一定要相信你自己，因为，如果你喜欢上了你自己，那么就会有更多的人喜欢你；你想自己是什么样的人，只要你想，那么你就一定有成为那样一个人的一天！

有些新人因为工作经验不多、处世经验不足，工作中一遇到自己无法解决的问题时，就急得像热锅上的蚂蚁。可能本来可以很好解决的问题，也会因为负面情绪的影响，而使简单的事情变得复杂化。

所以，当你遇到逆境时，越往好处想，心才会越开，才越容易把握住关键，把每个细节处理得合理到位。

《《 别做负面情绪的传播者 》》

哪些年轻人，容易成为负面情绪的传播者呢？

有可能成为办公室负面情绪传播者的年轻人，总是自以为自己很聪明。他们往往相信只有反对别人所说的一切才有可能出人头地，他们多数又极端自信，认同自己的质疑，却不认同别人对他质疑的质疑。一旦遇到些许的不认同，他们的情绪便竖起高墙，仿佛要与世界截然对立。

如果你不幸有这样一种心态，那么请尽量融入到大家中去，无论是在开会还是日常工作中，表达你的每一个结论时都请用“我们”这个词，以示你的结论是从大家的讨论中总结出来的，而不是你自己的主意。记住，有时候散发负面情绪的，不只是语言，还包括你的一些姿态，请注意观察自己负面情绪来袭的肢体信号，分析这些能帮助你收起自己骄傲的翎毛，让你在细节上控制负面情绪。

凡事追求完美的年轻人最大的问题就是，为把工作完成得更好，总是情愿去拖延时间。他们总是在说这样不行，这样不够好。但现实生活中，没有事情是完美的，如此一来，负面情绪自然会在心头萦绕，影响到合作伙伴。

如果你是一个追求完美的人，如果你不想成为负面情绪的传播者，首先你要练习的就是区分正确的事情和有效的事情。正确并不等于有效，尤其在职场中，你应该学会用问问题的方法去纠正自己提出质疑的思维轨迹：自己的建议是什么？自己觉得怎样才能做得更好？自己在这决定中起着怎样的作用？自己觉得在这个组织里面每个人的职责是什么？自己觉得愿意在组织里做什么？日后自己是否有在行动中改善的空间？自己需要什么样的资源把这件不那么完美的事情做到最好……

这能帮助你认清自己所处的环境，把个体的追求完美转移到团队目标上，你必须要在发散负面情绪的第一时间，去考虑团队和公司所面临的挑战和问题，这样你就会不再挑剔，而是开始专注于执行，希望能让自己的团队完成得更好。

太关注定量分析的年轻人坚信事情的发展都必须严格按照他们的是非曲直和绝对价值作变化。如果有可能，他们愿意把所有的想法都进行定量分析，他们最喜欢说的词就是"应该"。因为过于理智，当上司或同事觉得提出了好方法，希望看到他的执行和认同时，他却因没有成功先例的定量而产生负面情绪或予以反驳。久而久之，他便会因为很少照顾到别人的情绪而不受欢迎。

如果你属于这类人，那么你需要学会看到除了数字以外的稳妥面，同时要变得积极起来。一定要下定决心改变自己处理问题的方式、方法和心态，去尝试体会世界中不能用数字概括的内容，去尝试理解冒险的意义，这样你的心会变得更加开阔，工作会变得更加顺心。

过于悲观主义的年轻人天生保守、惧怕改变、敏感多疑，常常会让周围同事感觉气压低、阴郁。

如果你对事情看法比较悲观，要学会专注于自己可以改变的范围，让自己逐步变得积极起来。当然，要改变自己，也要遵循情绪本身的改变规律，不能揠苗助长，要知道，从负面情绪转变成正面情绪，要经历一个过程。从恐惧直接变为享受是不可能的，一定是从难过、慢慢接受、减轻不适、燃起兴趣，最后到喜欢并享受其中的。

同时，要学会相信你的团队有能力解决一切问题，相信你上司的抉择是经过充分考虑的，相信你的同事都在为组织贡献力量，相信你所拥有的一切资源都是能利用的，最终能帮你走出逆境。

参考文献

[1]张斌.大学毕业后——大学时如何提高就业和职场竞争力[M].北京:北京工业大学出版社,2011.

[2]李发文.职场竞争力:一位企业中层管理人员的职场感悟[M].北京:清华大学出版社,2012.

[3]刘白玫,吴海东.打造职场竞争力[M].北京:中央广播电视大学出版社,2012.

[4]梅术坚.竞争力打造你的职场优势[M].北京:中国商业出版社,2013.